U0502921

超强提问力

[日]井泽友郭 吉冈太郎 著

梁夏 译

中国科学技术出版社
·北京·

北京市版权局著作权合同登记 图字：01-2021-7192。

图书在版编目（CIP）数据

超强提问力 /（日）井泽友郭,（日）吉冈太郎著；
梁夏译 . — 北京：中国科学技术出版社，2022.5
ISBN 978-7-5046-9484-3

Ⅰ. ①超… Ⅱ. ①井… ②吉… ③梁… Ⅲ. ①提问—
言语交往—通俗读物 Ⅳ. ① B842.5-49

中国版本图书馆 CIP 数据核字（2022）第 038957 号

策划编辑	杨汝娜	**责任编辑**	杜凡如	
封面设计	马筱琨	**版式设计**	锋尚设计	
责任校对	邓雪梅	**责任印制**	李晓霖	

出 版	中国科学技术出版社
发 行	中国科学技术出版社有限公司发行部
地 址	北京市海淀区中关村南大街 16 号
邮 编	100081
发行电话	010-62173865
传 真	010-62173081
网 址	http://www.cspbooks.com.cn

开 本	880mm×1230mm 1/32
字 数	123 千字
印 张	8
版 次	2022 年 5 月第 1 版
印 次	2022 年 5 月第 1 次印刷
印 刷	北京盛通印刷股份有限公司
书 号	ISBN 978-7-5046-9484-3/B・85
定 价	59.00 元

前言

为什么人们一直在追求正确答案呢？

现代社会日新月异，有着较强的包容性，各种价值观都能得到认可。可如果提出的问题不对，那么即使翻遍书本、浏览遍互联网，也很难找到正确答案。更何况，昨天的真理不一定适用于今天，迎合别人的做法也不能产生安全感。尽管如此，当别人展示或诉说的意见和自己追求的东西不谋而合时，人们还是会轻易相信这就是正确答案。

盖乌斯·尤利乌斯·恺撒①曾说过，人通常只相信他们自己想要相信的。两千多年前的哲思，如今仍历久弥新。

---

① 盖乌斯·尤利乌斯·恺撒：史称恺撒大帝，罗马共和国末期杰出的军事统帅、政治家。——译者注

正确答案会根据人的立场、实际情况、时间的不同而发生改变。撰写本书时，世界各国都在推出各种新政策，试图找到解决新冠肺炎疫情感染问题的正确方法。可能一个国家的战略方针，昨天还被认为是正确的，今天就被证实没有效果。这种情况随处可见。

要想在这个时代中生存下去，就需要从自己的角度发现、比较验证，不断更新在不同时代和地域中变化的各种答案，这就需要我们具备提出问题的能力。

如果我们能提出目标明确的问题，那么即使没有唯一的通用答案，我们也能获得属于每个人的答案。所以"提问力"这一思考工具，会成为在难以得出正确答案的时代中生存所需的秘密武器。

我从事研讨会的设计工作已经超过15年了，这个过程中，我提出了很多问题。我会思考"不同场合下的提问有什么作用""加深交流和学习的提问需要具备哪些要素"等问题，不断进行尝试和反思，提高提问的准确度。近几年我还举办了提问相关的讲座，为想要培养提问力的朋友提供帮助。

本书汇集了我在提问力和创建问题方面的见解。

然而，通过提问相关的讲座，我清楚地认识到，只讲解如何对创建的问题进行自我分析和合理分类，对许多真正想提高提问力的人来说是不够的。

另外，我还想通过本书帮助大家了解如何提出对自己有用的问题和如何提出对别人或组织发挥作用的问题。

本书既不是关于提问的指南，也不是学术论文，更不是收录了解决问题、咨询辅导、设计研讨会等不同情况的案例集。本书旨在为那些想真正提高提问力的人提供一套实用的、具体的基础训练方法。

你可以通过本书的练习，掌握提问力，学会"在这种情况下，可以按照这样的步骤提问"或者"这种时候，可以这样构建问题组合"。如果这本书能对你的日常工作和生活有所帮助，我会非常高兴。

希望你在阅读本书之后，能提出更多有价值的问题。

井泽友郭

目录

绪 论

**提问力是最强的
思考工具**

第一章

**第一人称提问：
整理自己的思考**

第四章

提问在研讨会中的实践

提问力是
最强的思考工具

三种提问力

说到"提问力"，你的脑海中首先会浮现出什么？而我们所说的"提问"究竟指的是什么？

有的人大概会认为提问力就是向自己提问的能力。例如，遇到麻烦以后我们只会不停地问自己"到底该怎么办"，却很难找到解决的方法。

这时可能只需要扪心自问"我到底想要实现什么样的目标"，就会豁然开朗，向前迈出一大步。在这种情况下整理自己的思绪并付诸行动，就是提问力的体现。

也有人会认为提问力是和别人交流的过程中向对方提问的能力。最近，很多书中都提到，在商务谈判、教育孩子、男女交往的过程中，通过提问来引导对方说出心里话，可以有效实现理想的结果。

不过，如果开门见山地提出"你想要什么？""你为什么忘了带东西?""你喜欢什么类型的人?"这种问题,肯定是行不通的。在谈话过程中,能在正确时间提出正确的问题,也是提问力的体现。

还有人会想到领导开会或者老师上课的时候,需要有向很多人提问的能力。在这种情况下,很多人习惯问大家:"有什么问题吗?"但相信大家也一定深有感触,这种提问往往得不到回应,只会以沉默告终。

而有一些领导或老师就能够通过提问调动团队里每一个人的积极性,引导他们思考,通过交流带领团队或班级取得理想的成绩。在这种情况下,提问不仅能让大家发散思维,还能促使交流有效进行,这也是提问力的体现。

需要发挥提问力的场合因人而异,本书按照提问对象将提问力分类,分为第一人称提问、第二人称提问、第三人称提问。

为了方便大家理解,本书采用了如下的分类方法。

第一人称即"我",指对自己的提问;第二人称即"你",指对对方一个人的提问;第三人称即"大家",指对很多人的提问。

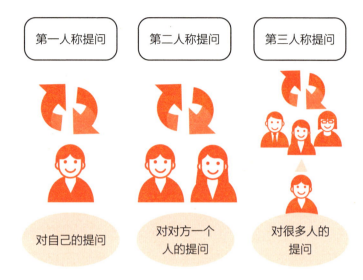

提问力的两大要素

　　那么我们如何才能获得提问力这种思考工具呢?

　　假设我们在工作或生活中想要从对方那里问出某件事,按照本书的分类,这属于第二人称提问。例如,你想知道对方周末的计划,可以直截了当地问:"你周末打算干什么?"可是如果你和对方还不是很熟,那么对方可能会含糊其词，不愿直接回答你的问题。在这种情况下，我们就需要循序渐进地提问，一步一步地推进对话。

也就是说，提问力的一个必要要素是构建问题组合。构建方法可以参考以下3个步骤。

（1）从容易回答的问题入手，比如谈论天气。

（2）在对话中夹杂和自己想问的问题相近的问题。

（3）直接提出自己想问的问题。

那么从天气等和现实生活相关的问题入手时，我们要怎样措辞才能让对方更容易回答呢？"你有没有觉得最近的天气明显有夏天的感觉了？"和"最近几天的天气一直都很有夏天的感觉啊，你喜欢夏天吗？"这两种提问方式，回答的难易度和给人的距离感就有所不同。

灵活运用第二人称提问发挥提问力的人，往往能选择恰当的提问方式，从对方那里获得自己需要的信息。换言之，提问力的另一个必要要素就是运用巧妙的措辞提出每一个问题。

在笔者以往的讲述提问方法的讲座中，本人一直在和从事各种职业的人探讨提问相关的话题。笔者发现，虽然很多人已经有了构建问题组合的知识和意识，但还是会在选择适合问题组合的具体问题上"栽跟头"。

本书不仅包含了构建问题组合的相关内容，还告诉大家应该如何选择具体问题。只有这两点合在一起，才能真正发挥提问力这一思考工具的作用。

在之前的讲座中，笔者都会通过不同的情景练习来提高大家的提问力，所以为了将经验尽可能多地分享给大家，在本书中也设置了很多练习。希望大家在阅读时善于利用这些练习，自己构建问题组合并写出来，从而提高提问力。

如何提高提问力

本书围绕提问力，将分三章按人称顺序进行讲解。

第一章将从最基本的5W1H①开始讲解第一人称提问，这相当于体育训练中的肌肉训练和个人训练。第二人称提问则需要有一个谈话对象，可以想象成篮球训练中两人一组进行的练习，而第三人称提问就像是实战训练。

之所以这样安排本书的内容，是因为如果缺乏创建每一个具体问题的基本能力，那么即使掌握了构建问题组合的知识也无法发挥其作用。

所以，不管你是想要掌握第二人称提问方法的销售人员、苦于不知该如何和下属交流的领导，又或是需要与他人沟通的咨询师、训练员、家长，还是想要掌握第三人称提问方法的团队组长或老师，都建议大家从第一章开始读起，循序渐进地提高提问力。

讲解第一人称提问时，我们将练习判断提问会引发怎样的思考。有了这种练习的积累，在进行第二人称提问时，就能很容易推测自己提的问题会让对方怎样思

---

① 5W1H：是对选定的项目、工序或操作等，从原因（Why）、对象（What）、地点（Where）、时间（When）、人员（Who）、方法（How）六个方面提出问题进行思考。——译者注

考。讲解第二人称提问时，我们会练习预测对方的反应和回答的方向，这样在进行第三人称提问时，就能更好地把握能否通过提问引发对方按照自己的预想思考，以进一步推动对话发展。

有这样一个故事，在美国纽约，一位游客问出租车司机："我如何才能更快到达卡内基音乐厅？"得到的回答是："没有捷径，只能练习、练习、再练习。"[①]提问力也是一样。钢琴家通过练习掌握基础技巧，慢慢地就能熟练演奏高难度的曲目。有了在练习中培养起来的提问力，就能在构建各种问题组合时熟练运用。

其实很多人容易出问题的地方不是构建问题组合，而是选择适合问题组合的具体问题。本书第一章到第三章的内容就是教大家如何快速提高提问力。第四章为应用篇，围绕在更加复杂的情况下的问题组合和提问，讲解如何在研讨会发挥提问力。希望大家能以本书为参考，探究提问能引出什么样的思考和对话。

---

① 游客原意是问出租车司机去卡内基音乐厅的路线，但出租车司机却会错了意，回答的是登上卡内基音乐厅舞台表演的方法。——编者注

如何有效提出每一个问题

前来参加有关提问方法讲座的很多朋友都对笔者说："希望我能提出好问题。"那么什么样的问题才是好问题呢?

具体来说,好问题是动摇隐含前提的问题、引出深层次对话的问题、探讨价值观的问题或者发人深省的问题。但这个命题成立的前提是"的确存在好问题"。

举一个例子,在一次研讨会中,有人提出了一个问题,但参会者大多都不知道他的问题究竟表达了什么意思,因此这个问题也就没有引发更深入的思考和讨论。但有一个人记下了这个问题,研究了两年后实现了前所未有的技术突破。

那么这个问题算是好问题吗?好坏的判断标准,会根据价值标准或时机的变化而改变。

在体育、艺术,还有其他的各种职业训练中,最重要的就是实践。基本没有体育运动是仅看书本或视频而不进行练习就能达到高水平的。但只是毫无章法地练习就行了吗？不是的，这样会很容易依据自己的感觉判断练习的成果。为了让练习更有效，我们必须时刻检查练习的结果是不是朝着我们所期望的方向发展。进行肌肉训练的话，就要确认锻炼时是否确实用到了自己想要增强的肌肉；练习篮球运球时，就要确保自己能够低身运球。

提问的练习也一样，如果要等两年才能确认是否有效，那么大概很难取得进步。所以我们要关注的不是好坏的判断标准，而是要看情况是不是朝着我们所期望的方向发展，也就是练习是否发挥了作用，不要一味地追求好的提问，而是追求有效果的提问。

那么什么是有效果的提问？假设一个问题的目的是从对方那里得到一个明确的答案，那么如果对方的回答是一个明确的答案，这个提问就称得上是有效果的提问。可如果对方不知道这个问题如何回答，无法给出明确的答案，那么这个提问没有达到目的，就是没有效果的提问。

即使这个问题两年后给被提问者带来积极影响，让被提问者意识到这个问题是个改变了自己人生的好问题，可是最初提问的目的没有达成，这个问题也不能算是有效果的提问。

那么提问的目的还有哪些呢？

如果是为了整理信息的提问，判断标准就是是否清楚地理清了信息；如果是为了将思维聚焦到某一领域的提问，重要的就是是否将焦点放在了那个领域；如果是为了拓宽视野的提问，要关注的就是视野是否得到了拓宽；如果是为了让人注意到矛盾和困境的提问，那么就要确认对方是否感受到了矛盾和困境。当然，判断和确认的时机也很重要。

不可否认，提问可能带来意料之外的积极影响，但本书不会讨论这种概率事件，而是指导读者练习任何人都能够掌握的提问力。

第一人称提问的练习尤为重要。练习对过去的事情进行提问，就要用表示过去的表达；练习明确主语和主体的提问，就要注意提问中有没有把主语和主题明确表示出来。不要小看这些练习，就好比篮球运动，没练好低身运球，就很难做到带球过人，上场比赛时就会失误把球传给对手。同理，不能得心应手地变换提问的时间轴，也就无法提出发人深省的问题。

让我们一起逐步掌握提出有效果的问题的提问力，以应对各种各样的情况吧。

本书中的提问指什么

一般来说，提问有两种意思，一种是提出问题要求对方回答；另一种是提出来的问题。

我们要讨论的提问是用疑问句表达的，比如"××是什么"，这和试卷中的问题，例如"请说明一下××"这种祈使句是不同的。

不过有的句子虽然是疑问句，却没有表达提问的意思。

"你要让我说几遍才能记住？"

"你连这点小事都做不好吗?"

"你到底想不想干了?"

以上三句话都是疑问句,但是能用下面这种方式回答吗?

"我觉得你得再说五遍。"

"现在看来我确实做不好。"

"不想干了。"

可能还有人会用火药味更重的方式回击,不过可以想象,对方肯定不想听到这种回答,后果也将不堪设想。

说出"你要让我说几遍才能记住?"的人,实际想表达的是"你非要让我把同样的话重复这么多遍,我很难过、很生气"。所以虽然这几句话是疑问句,但说话人并不是想要得到回答,而是想借疑问句发泄情绪。

但很多时候,说话人并没有察觉到自己的表达方式很尖锐,反而深信自己是在促使对方反省或是分析原因。

本书探讨的提问不包括这种不希望对方回答的疑问句。本书中提问的前提有以下两点。

（1）希望得到被提问者的回答。
（2）是疑问句。

特别强调"是疑问句"这一点是有原因的。这是为了排除试卷中类似"请说明××"，或者"请思考××"这种问题，毕竟这类用祈使句表达的问题也是有正确答案的。

日新月异的现代社会对"多样性的回答"的需求与日俱增，这种存在正确答案的问题已经不能适应时代了。

而"××"的部分经常会单独使用，比如给出一个主题"十年后的自己"。这种形式也没有用疑问句，让人觉得这是一个命令，表达的是"请谈一谈十年后的自己"。如果是在学校里，学生就会努力寻找一个能让老师满意的正确答案。

如果不希望通过命令逼人思考，而是想让人主动思考，就要用疑问句来表达。

其实在向自己提问的时候，这种形式也会让思维过于发散，没有重点。即使想要"想象一下十年后的自己"，也不知道要从何想起。如果用疑问句的形式把问题具体化，比如"十年后，我会住在哪里?""十年后，我周末都会做些什么?""十年后，我会和谁在一起?"，这样就能让思维聚焦，产生具体的想象。

所以在前提中加入"是疑问句"，其实是为了（包括自己在内的）被提问者。

第一人称、第二人称、第三人称提问的练习

前文也提到过，本书将提问分成第一人称提问、第二人称提问、第三人称提问，按顺序讲解。

第一人称提问就是对自己的提问，有帮助自己思考、判断、内省的作用。第一人称提问是让你的人生变

得更有意义的最强思考工具，同时自问自答也会让你提前体会到第二、第三人称提问中被提问者的想法和感受。

第一人称提问没有谈话对象，不会被谈话对象的情感、双方的信赖关系和人际关系等因素影响，可以更直接地分析"这个问题问的究竟是什么？""这个问题和另一个问题有什么不同？"等。通过这种练习，可以加深对提问作用的理解，也能巩固提出问题的基本能力。

第二人称提问是向谈话对象提出问题，需要考虑对方的感情、信念、个人情况等因素。

为了让提问有更好的效果，要善于构建问题组合。如果是咨询师或者理财顾问，和客户交流时不要突然问对方"你觉得你的人生中最重要的是什么？"，而是要从容易回答的问题开始提问，一点点地缩短和客户之间的距离，由浅入深接近核心问题。

熟练掌握第二人称提问方法，对于处理人际关系、更深入地体谅对方的心情、构筑信赖关系、判断并协助对方的行动都很有帮助，而构建问题组合的能力也是接下来的第三人称提问的基础。

　　第三人称提问是对很多人同时提问，这种提问一般不会出现在商谈中，而是出现在课堂、会议、活动等场合。在学习过程中结合讲义，将几个提问组合起来，就能更好地发挥提问的作用。

　　有了第一、第二人称提问练习的积累，即使是这种复杂的情况，也能明确提问的目的，提出恰当的问题。

　　从第一人称提问到第三人称提问的前半部分，我们会进行根据目的创建有效问题的练习。每章的最后会介绍各种情况下提问的一般性框架、构建问题组合的指导性提示，并引导大家根据这些创建更有效的问题。这是为了培养根据框架构建问题组合的能力，有了这种能力就可以按照其他各种一般性框架来创建问题、构建问题组合了。

　　第四章收录了纪实访谈，可供读者参考。

　　接下来就要进入第一章的第一人称提问了，让我们一起快乐阅读，一步一步提高提问力吧。

绪论 提问力是最强的思考工具

? 三种提问力

第一人称提问 第二人称提问 第三人称提问

? 提问力的两大要素

1 运用巧妙的措辞提出每一个问题

从容易回答的问题开始提问

问题 问题 问题 问题

2 构建问题组合

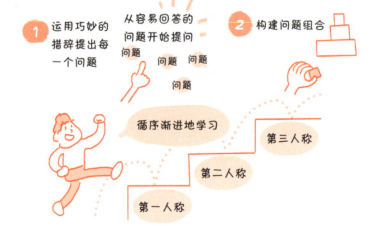

循序渐进地学习

第三人称

第二人称

第一人称

如何有效提出每一个问题

作为任何人都能够掌握的提问力，第一人称提问的练习尤为重要

 ## 本书中的提问指什么

单纯的情感宣泄

1 希望得到被提问者的回答

2 是疑问句

你要让我说几遍才能记住？

 ## 第一人称、第二人称、第三人称提问的练习

对自己的提问　　对对方一个人的提问　　对很多人的提问

第一章

第一人称提问：
整理自己的思考

第一人称提问是所有思考的基础

你认为什么时候需要进行第一人称提问？

第一人称提问是对自己的提问，这种感觉可能有些不可思议。但其实在日常生活中我们经常会对自己提问，只不过没有意识到而已。

例如看到很多人在排队，就会想"那些人在排什么"，快到中午的时候会思考"今天的午餐吃什么"，这些都属于第一人称提问。也就是说，人们在思考或判断时，经常用到第一人称提问。

另外，还有在回首过去时思考"那个时候我是怎么做的呢"，进行自我分析时回忆"最近有什么让我感到兴奋的事吗"，这些情况下也用到了第一人称提问。

在解决问题时，按照顺序我们一开始会考虑"现在的实际情况是什么"，然后会思索"相关负责人想要怎么做"，之后回想"我有哪些选择"，最后思考"先从哪一步做起"。如果掌握了这一系列构建问题组合的方法，思路就会畅通无阻。

在撰写论文的时候，对研究课题提出问题十分重要。比如同样是研究少子化的论文，探究"少子化会对日本的未来造成什么影响"和探究"与其他经济合作与发展组织中的国家相比日本的少子化有什么特殊性"的研究方向完全不同。

所以，对于逻辑思考和研究的领域来说，提问在提高思考、行动、判断的准确度上也发挥着重要的作用。

给现代教育带来深远影响的20世纪初美国哲学家约翰·杜威（John Dewey）在著作《我们如何思维》（*How We Think*）中表示，不能毫无章法地行动，要问一问自己现在发生的事对将来有什么启示，深思熟虑才能做出最明智的选择。所以，提问能提高我们思考的准确度，能为我们指引未来。

人们在思考、判断、行动时，往往需要进行提问。当然，也可以遇到突发状况再随机应变。但如果想要按照自己的意愿生活，那么提问力就是必不可少的工具。

本章的练习不仅是第一人称提问方法的练习，也是后续第二、第三人称提问练习的基础，所以建议想要着重练习第二、第三人称提问的读者也从本章开始读起。

第一人称提问的问题创建

接下来我们开始练习如何提出每一个具体问题。练习中要重点关注提问的目的，让提出的问题达到预想的目的。

日语是一种很含糊、委婉的语言，有时候问句里既没有主语也没有谓语，疑问词也不明确，像是"最近怎么样？"这种问题，让人很难明白提问的目的。

当然这种含糊提问的目的本身可能就是让对方自由回答，但由于问题过于模糊，被提问者可能会感到苦恼，开始揣测提问者想让自己回答什么。

如果目的是让对方揣测、联想，那这样提问也是可以的，可如果目的是让对方自由思考，结果得到的却是对方苦思冥想、反复揣度的答案，那么这个提问的目的就没有达成，不能算是有效的提问。

那么我们不如尝试一下像英语那样，明确主语、谓语和疑问词，用5W1H进行简单的提问。然后再像练习体育运动一样，一点一点地提高难度，练习给简单的问题添加限定修饰。要注意自己添加的限定修饰让提问发生了什么变化，以此来培养措辞能力，让提问的语言更恰当，更有利于达到目的。

这种措辞能力对于第二、第三人称提问也至关重要。

然后再试着把用5W1H提出的开放性问题转换为能用"是或否"回答的问题。比如把"邮筒为什么是红色的（日本的邮筒一般是红色的）？"转换成"是为了醒目才把邮筒涂成红色的吗？"。

接下来设定一个坐标轴，练习让提问发生变化。设置的坐标轴可以是表示"过去、现在、未来"的时间轴，也可以是表示"自己、组织、世界"这种视角和立场的坐标轴。顺着坐标轴自由地变换提问方式，提出的问题就可以引出对事物的连贯性思考。就好比如果给出职业生涯规划框架或者问题解决框架，就能按照框架创建问题。

以上的练习都是为了更好地创建每一个问题，本章最后会结合构建问题组合的一般框架，根据具体情况创建问题。这样就能同时掌握创建具体问题和构建问题组合两种能力了。相信你的提问力也会有较大提升。

练习可以直接写在这本书上，不过笔者建议大家找几张3厘米×3厘米～4厘米×4厘米的方形便笺，每一张便笺上写一个问题贴在书上，之后还能反复练习，也能将问题分类，变换顺序排列，十分方便。

第一人称提问的问题创建

❶ 用5W1H进行简单的提问

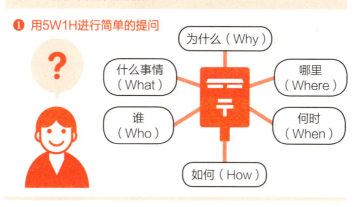

❷ 修饰提问

简单的提问 ＋ 限定修饰

❸ 转换为可以用"是或否"回答的问题

❹ 顺着坐标轴变换提问方式

围绕提问对象创建问题

对于提高提问力来说，最基础的练习方法就是以某个肉眼可见的事物为提问对象，围绕它进行全方位地提问。

要一下子提出大量问题可能有点难，但其实每个人都曾是"提问专家"。三四岁的时候，我们对一切事物都充满着好奇，凡事都要问一问"为什么"。

在这个练习中，我们不需要标新立异，也不需要考虑如何提出好问题，我们的目标只是从各个角度提出大量问题。

如果想着如何提出好问题，就会给自己加上很多限制，反而与目标背道而驰。而无法提出大量问题，就代表缺乏提问的基础能力，便也无法提出有效的问题。大家可以尝试重拾童年时代的好奇心，不断地提出问题。

在这次的练习中，"（肉眼可见的）提问对象"就设定为"红色的邮筒"。你的脑海中可能会闪过对邮筒颜色的疑问，用疑问形式表达出来就是"邮筒为什么是红色的?"。

"邮筒为什么是红色的?"是针对红色的邮筒提出的问题，用英语来表达，就是疑问词"为什么"（Why）加上动词"是"（be）。

接下来让我们试着用5W1H加一个动词（尽量不添加其他的词）的形式来提出问题吧。

练习1-1：你能提出什么样的问题？

练习目标：
围绕（肉眼可见的）提问对象创建问题。

练习方法：
用红色的邮筒、疑问词5W1H和一个动词提问，每个疑问词提出两个问题。

5W1H	问题1	问题2
谁 （Who）	例：谁来清扫红色的邮筒？	

续表

5W1H	问题1	问题2
什么时候 （When）		
什么地点 （Where）		
什么 （What）		
为什么 （Why）		
如何或多少 （How）		

对提问加以限定修饰

　　用一个疑问词和一个动词提出问题后，试着对提问加以限定修饰吧。

　　限定修饰指的是补充其他详细的信息。比如对"邮筒为什么是红色的"进行更详细的说明，可以是"这个邮筒为什么是红色的"。如果是"日本的邮筒为什么是红色的"，提问对象的范围就比"这个"更广。加上这种表示修饰的词，就是在对邮筒进行更详细的说明。

　　也可以改变后面的部分，比如用"邮筒为什么变成红色的了?"这种表示完成时态的形式，被提问者就会想"以前邮筒不是红色的吗?""这种变化有什么目的?"，思考的方向就会更加明确。

　　我们先练习机械性地修饰提问，有了一定的积累以后，再练习有目的地对问题进行修饰。

　　以上文的问题为例。修饰的方法有两种，一种是添加修饰成分，如添加"这个"或"日本的"；另一种是转换表达方式，如将"红色的"换成"变成红色的了"。
接下来用这两种方法来做练习吧。

修饰提问

邮筒 为 什 么 是 <u>红 色</u> 的?

↓

<u>这 个</u> 邮 筒 为 什 么 <u>变 成 红 色</u> 的 <u>了</u>?

添加限定修饰　　　　　　换一种表达进行修饰

／ 练习1-2：你能提出什么样的问题? ／

⊕ 练习目标：

修饰提问，感受修饰后问题的变化。

💡 练习方法：

用"添加修饰成分"和"转换表达方式"两种方法对刚
才提出的问题进行修饰。选择两个以上的提问进行修
饰，每个提问想出2~3种修饰方法。

原来的提问	添加修饰成分来修饰提问	转换表达方式来修饰提问
（例）邮筒为什么是红色的?	（例）这个邮筒为什么是红色的?	（例）邮筒为什么变成红色的了?

完成对问题的修饰了吗？我们现在再来整体看一下这些问题，你有什么发现？

比较修饰后的提问和原来的提问，重点考虑"如果别人向自己这样提问，自己会从哪些角度思考"。

在"邮筒"前加上"这个""日本的""世界各地的"等限定修饰，可以明确邮筒的范围。如果问"这个邮筒为什么是红色的？"，那么考虑到周围的景色，得到的回答可能就只是单纯的"应该是为了醒目"。

如果问的是"日本的邮筒为什么是红色的？"，那么被提问者可能会查资料后再回答这个问题。关于这个问题的回答，根据历史资料，一种比较有力的说法是，日本在明治维新时期模仿英国，将邮筒的颜色和英国一样设计成了红色。

如果问的是"世界各地的邮筒为什么是红色的？"，那么被提问者可能会质疑"世界各地的邮筒真的都是红色的吗？"，从而先去确认由原本的问题衍生出来的问题的答案。

其实世界各地的邮筒有红色的、黄色的，还有绿色的。曾是英国殖民地的国家邮筒大多为红色，美国的邮筒以前也是红色的，但因为容易和消防设施搞混，就换成别的颜色了。所以放眼全球，"为了醒目而把邮筒涂成红色"这一理由似乎并不具备普遍性。

因此像这样对提问加以修饰，可以扩大或缩小思考范围。

而像"邮筒为什么变成红色的了？"这样改变表达方式，也能让思考的切入方向发生改变。用完成时态表达就容易让人关注到以前的邮筒并不是红色的。

日本江户时代的邮筒是木制的，没有刷漆，而明治初期的邮筒则是黑色的。后来改成红色的原因之一是很多人容易将邮筒与公共厕所搞混。

如果要问"100年后的邮筒为什么是红色的？"，那么思绪就会一下子飞到未知的未来世界，只能发挥想象力来回答这个问题了。同时这个问题又可能会派生出其他问题，比如"100年后的邮筒还会是红色的吗？"或者"100年后还会有邮筒吗？"等。

当然，无论怎么查阅资料也不知道这个问题的答案，只能凭借想象，根据现在的情况做出合理的推论。

对提问加以修饰可以改变回答问题时思考的范围、方向、深度，从这个视角出发，再来看一看自己写下的提问，你有什么感想和发现？

开放性提问和封闭性提问的转换

我们再来做一个练习。试着变换一下用红色的邮筒、疑问词5W1H和一个动词提出的问题。这是练习开放性提问和封闭性提问的转换。

开放性提问是指用疑问词提出的给对方自由回答空间的提问，而封闭性提问指的是需要被提问者从几个预设的答案中选择一个来回答的提问，或者用"是或否"回答的提问。

把开放性提问"邮筒为什么是红色的?"中的疑问词"为什么"去掉，就变成了"邮筒是红色的吗?"，这就是用"是或否"回答的封闭性提问。

对开放性提问"谁来清扫红色的邮筒?"加以补充,变成"是邮局的工作人员来清扫红色的邮筒吗?"也能转换成用"是或否"回答的封闭性提问。转换的方法就是将疑问词替换成其他词。

这时,可能有的读者脑海里又会出现"想要提出好问题"的杂念,不要被这种想法干扰,单纯地关注这一个练习就可以了。

那么我们就来把练习1-1中的提问都转换成封闭性提问。用便笺做练习的读者可以直接把写了提问的便笺拿到这里来。

/ **练习1-3:你能提出什么样的问题?** /

◇ 练习目标:

将开放性提问转换为封闭性提问。

◇ 练习方法:

把练习1-1中用到了5W1H的提问都转换成封闭性提问。

5W1H	问题1（开放）	问题1b（封闭）	问题2（开放）	问题2b（封闭）
谁（Who）	例：谁来清扫红色的邮筒？	例：是邮局的工作人员来清扫红色的邮筒吗？		
什么时候（When）				
什么地点（Where）				
什么（What）				
为什么（Why）				
如何或多少（How）				

对提问中隐藏的前提条件进行提问

相信大家都已经完成了从开放性提问到封闭性提问的转换。不知道大家有没有注意到，我们在提出封闭性问题时，会添加很多前提条件和信息。例如"是邮局的工作人员来清扫红色的邮筒吗？"里面就隐含着"既然是邮筒那肯定是邮局的工作人员来清扫"这一提问者的心理活动。有了这样的前提条件，就很难想象提问者会问出"是路边的野猫来清扫红色的邮筒吗？"这种问题。毕竟单从形式上来看，"是明信片来清扫红色的邮筒吗？"作为提问来说也是成立的。

我们从第一人称提问的效果考虑这里的提问。把"是明信片来清扫红色的邮筒吗？"转换成开放性提问"明信片为什么要清扫红色的邮筒？"，被问到这种问题会如何进行思考呢？

顺着这个提问，小说家可能会发挥想象写出一个虚构的故事，不过一般人还是要以"清扫邮筒的一定是人"为前提，才能继续思考下去。也就是说这个例子中，前提条件指明了思考的范围。

但是为了提高提问的准确度，必须重点关注提问中存在或隐藏着什么样的前提条件。

"谁来清扫红色的邮筒?"这一提问中隐藏的前提条件就是"确实有人在清扫红色的邮筒"。而"邮筒为什么是红色的?"这一提问的前提条件则是"邮筒是红色的"。不过，放眼全球，实际上邮筒不一定都是红色的。

前提条件指明了方向，让人更容易顺着提问思考，同时也限定了范围，让人不会思考范围之外的情况。所以才要关注提问中存在或隐藏着什么样的前提条件，有意识地判断到底应该在前提条件限定的范围内思考，还是也要思考范围之外的情况。

如果对自己以外的人（第二人称提问的情况）提出存在不恰当的前提条件的提问，可能会让对方误解，让人觉得提问的人说话偏离主题，从而无法获得对方的信任。而对团队或班级里的人（第三人称提问的情况）提出这种问题，可能会不利于成员思维发散，难以得到多样化的意见，无法推动话题的进一步发展。这样一来，没有了思维的碰撞，得出的结论只能是表面上和谐的。所以意识到提问中前提条件的重要性至关重要。

现在再来重新审视一下自己提出的每一个开放性问题和封闭性问题中，都有哪些前提条件吧。

借助坐标轴修饰提问

到目前为止，我们一直在练习不受前提条件约束的提问，将原本简单的提问进行修饰或转换时，也没有刻意考虑这么做的目的。但回过头来看这些提问就会发现，提出的一部分问题是排列在一个坐标轴上的。用最容易理解的时间轴来解释。

例如"谁来清扫红色的邮筒？"可以变成"谁清扫了红色的邮筒？"，还可以变成"之前是谁在清扫红色的邮筒？"。当然也可以变成对将来的提问，比如"今后谁来清扫红色的邮筒？"或者"100年后谁来清扫红色的邮筒？"等。

以上的提问形式并不是单纯对过去或未来的提问，像是"之前是谁在清扫红色的邮筒？"这句就给人一种"现在那个人已经不再清扫邮筒了"的感觉。"今后谁来清扫红色的邮筒？"这句里就隐含着"今后要换一个人来清扫邮筒"这一层信息。

那如果把为了让自己自省的提问排列在时间轴上会有什么效果呢？"5年前，我对什么事情投入了大量的热情和努力？""现在，我正在对什么事情投入大量的热情和努力？""今后，我将会对什么事情投入大量的热情和努力？"，按时间顺序思考以上的问题，对职业生涯的规划很有帮助。

除此之外还有什么类型的坐标轴呢？其实，还有可以改变我们思考范围和宽度的坐标轴。

还是以"邮筒为什么是红色的？"为例，这个提问可以变成"日本的邮筒为什么是红色的？"。但是如果变成"世界各地的邮筒为什么是红色的？"，我们思考时关注对象的范围就更广了。

如果对象是日本的邮筒，那么我们的关注点可能只会停留在日本邮筒的颜色演变过程；如果对象是世界各地的邮筒，那么我们可能会想知道世界上哪些国家的邮筒是红色的，还可能会想知道其他国家的邮筒为什么不是红色的。

综上所述，通过提问可以指明思考的范围，而修饰问题可以一点一点地改变思考的范围。我们在提问时，可以像一开始的练习那样，偶尔提出没有什么目的的问题，这样的问题往往会跳出自己固有的思维模式，更自由、更出人意料。

那么利用坐标轴修饰提问的方法适合在什么时候使用呢？建议大家在已经有了思考的目的的情况下，或者想要缩小思考范围的情况下使用。

过去　　　现在　　　未来

通过点明主语或主题明确思考范围

点明主语或主题也是提高第一人称提问思考精确度的方法之一。相较于英语等西方国家的语言，日语即使没有主语也能成句，所以在日常对话中，日本人经常没有点明主语或主题的意识。

例如在日常对话中出现的"明天去吗？"这种提问，如果有前后文就不会感觉很奇怪。但英语里"Tomorrow, go?"（明天，去吗？）这种说法就很少见，最起码也要加上主语，比如"Tomorrow, you go?"（明天，你去吗？）或"Tomorrow, we go?"（明天，我们一起去吗？），如果不加的话对方肯定会觉得莫名其妙。

由于语言本身的特征，日本人在提问时会不自觉地省略主语或主题，这样一来表达就会含糊不清。

提问可以明确思考的范围。比如"为了日本教育，还可以做哪些事？"这个问题，如果作为电视节目中讨论的主题，或许这种不明确的问法反而能让大家从各个角度畅所欲言，但如果这个问题的目的是促进大家思考的话，那么它能达到预期的效果吗？

从国家的角度、教育工作者的角度、个人的角度思考还可以做哪些事，角度的不同得出的结论必然大相径庭，甚至可能会出现在思考的过程中，主语或主题发生偏离的情况。有的人想的是"国家应该增加对教育的财政投入"，有的人想的是"我们每个人都要勇于发声"，这些想法的思考方向不同，自然也碰撞不出火花，无法得出好的答案。

相反，有的提问哪怕语言表达比较模糊，但只要点明了主语或主题，就能明确思考的范围。而借助坐标轴变换主语或主题则有助于进一步推动思考。例如，可以先考虑"国家能做什么"，再考虑"教育工作者能做什么"，最后再考虑"每一个人能做什么"。

有意识地关注提问划定了什么样的思考范围，对客观把握自己想要如何进行思考、应该怎样去思考有重要意义。意识到思考的范围和预期不相符的时候，可以通过修饰和明确主语或主题的方法，调整提问的方向。

在做课题研究时，这种方法也能让自己表达的意见更有意义。

通过这个练习打好基础，才能在第二、第三人称提问的练习中，更好地认识到自己想通过提问促使对方如何进行思考，或者自己的提问能引出对方什么样的思考。

/ **练习1-4：你能提出什么样的问题？** /

◇ 练习目标：

通过点明主语或主题明确思考范围。

♀ 练习方法：

给练习1-3中的开放性提问和封闭性提问添加主语或主题，并结合主语或主题添加时间等修饰。

原来的提问	点明了主语或主题的提问
用红色的邮筒来做什么？	
以后也会使用红色的邮筒吗？	

第一人称提问的应用

　　我们已经进行了很多第一人称提问的练习了，那么通过练习培养的提问力可以应用到哪些场合呢？

　　首先，可以应用到日常生活中，我们根据当下情况做决定时，需要问自己："要为将来做打算，现在应该做些什么？"例如"最近体重增加了不少，为了以后的健康，今天的午饭吃什么好呢？"。在做决定时，停下来想一想应该怎样向自己提问，就会更容易做出合适的判断。

　　其次，可以应用到工作中。例如"顾客是怎么想的呢？""怎样才能确保自己公司的利益呢？""我在整个过程中需要做些什么呢？"，不只是一味地烦恼该怎么办，而是冷静思考提问的主语或主题，想出更好的解决方案。

　　在自我反省的时候，可以发挥时间轴的作用。利用时间轴进行提问，既能反思过去，还能考虑接下来要从什么方向思考。

思考"为什么当时我没有那样做呢?"或者"在那种情况下，对方会怎么想呢?"，像这样对过去进行反思固然很重要，但反思之后不要只是单纯地后悔，更重要的是向前看。

利用时间轴，多思考未来的事情，想一想"自己现在怀着什么样的心境?""一年后，理想的状态应该是什么样的?"，这样就能将过去与未来连在一起，积累经验，为未来做准备。

在深入思考或逻辑思考的时候，就需要从各种不同观点入手，改变或明确思考的范围。"到底发生了什么?"这种对现状的提问必不可少，而有时也需要假设"如果没发生这件事会怎么样"。要想批判性地看待事物，就需要思考"这件事成立的前提是什么"。

本章最后会为大家介绍提问的框架，帮助大家提出更实用的问题。大家可以充分发挥此前在练习中培养起来的提问力。

接下来要练习如何将常用的思维框架用在提高提问力上。

可能有人学习了思维框架，就能结合自身情况灵活运用，但是也有人只是了解了"原来还有这种思考方式"，却没有实际应用过，过一段时间就把学过的思维框架忘记了。

为了让大家熟练使用自己的思维框架，下面会举几个例子。经过练习以后，除了下面讲到的内容以外，相信大家在其他的思维框架下，也能用同样的形式进行提问。

应用1-1：关于职业生涯的第一人称提问

在人生的每一个阶段重新审视自己的职业生涯是十分重要的。在你二十多岁，刚步入社会开始工作的时候，你会对自己提出什么样的问题呢？

重新规划职业生涯时的要点有以下三个。

（1）自己的优势。

（2）自己感兴趣的工作或领域。

（3）未来理想的生活状态。

　　一般情况下，仅凭想象往往无法判断维持现状能否朝着自己期待的职业方向发展。需要先确定"首先要做的事"。

　　对于自己感兴趣的工作或领域，很少有人能对其有一个准确的了解。我们可以先想得简单一点，如果是"让自己感到兴奋的事"的话，相信很多人都能回答出来。

　　接下来就把以下五个要素作为框架来考虑。

（1）让自己感到兴奋的事。

（2）自己感兴趣的工作或领域。

（3）未来理想的生活状态。

（4）自己的优势。

（5）首先要做的事。

> **♀ 练习方法：**
>
> 下表中间一栏写的是"直白的提问"，尝试改变措辞，加以修饰，让这些提问更容易回答，变成"促进思维的提问"。

框架	直白的提问	促进思维的提问
让自己感到兴奋的事	什么事会让自己感到兴奋？	
自己感兴趣的工作或领域	自己感兴趣的工作或领域是什么？	
未来理想的生活状态	未来理想的生活是什么样的？	
自己的优势	自己有什么优势？	
首先要做的事	首先要做的是什么？	

创建促进思维的提问要点：

（1）适当缩小范围会更容易思考。

例 "至今为止，最让我兴奋的事是什么?"

（2）思考与（1）之间的关联性，改变提问的措辞，让回答有更多的可能性，而不是局限在一个选项上。

例 "自己有可能对什么样的工作产生兴趣?"

（3）将时间轴和那个时候的状态具体化。

例 "十年后，自己想过上什么样的生活?"

（4）"优势"这个词本身就有些抽象。

例 "自己有哪些擅长做的事对十年后的生活仍有帮助?"

（5）加上时间限制，让自己更容易迈出第一步。

例 "一个月内可以开始做的事情有哪些?"

应用1-2：为解决问题而使用的第一人称提问

"必须尽快完成的工作进展不顺利""这几周以来因为睡眠时间不够导致状态不好""再不整理一下家里就乱到没地方落脚了"……生活中的问题堆积如山。要想一个一个地解决这些问题，怎样提问比较好呢?

我们把这些生活中的问题定义为"现状和理想状态（目标）的差距"。要想让这个差距消失，从根本上解决问题的话，首先要关注产生差距的原因。

先分析问题，再考虑解决方案。

从多个解决方案中选出最佳方案，然后把解决问题的计划明确划分成几个阶段。也就是说，可以按照以下5个框架来考虑。

（1）列出现状。

（2）明确目标。

（3）找出现状和目标存在差距的原因。

（4）根据原因想出解决方案。

（5）将解决方案按具体的阶段划分整理。

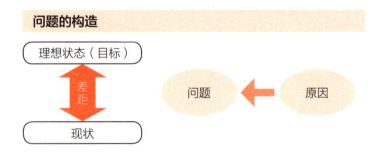

> ✎ 练习方法：
>
> 　　下表中间一栏写的是"直白的提问"，尝试改变措辞，加以修饰，让这些问题更容易回答，变成"促进思维的提问"。

框架	直白的提问	促进思维的提问
列出现状	现状是什么样的？	
明确目标	期望达成什么目标？	
找出现状和目标存在差距的原因	造成理想和现实存在差距的原因是什么？	
根据原因想出解决方案	有什么解决方案？	
将解决方案按具体的阶段划分	解决方案有哪些具体步骤？	

创建促进思维的提问要点：

（1）适当缩小范围，从不同角度看待现状。

例 "在××方面，现在哪些事进展顺利？哪些事进展不顺利？"

（2）明确主语或主题，想一想目标是由谁制定的。

例 "我期望达成什么目标？"

（3）和问题相关的因素有很多，但不要觉得所有因素都是产生问题的原因。

例 "造成理想和现实存在差距的最大原因是什么？"

（4）为了从原因入手消除理想和现实之间的差距，改变提问的表达方式让人更容易想到主意。

例 "有什么简单的方法可以解决问题？"

（5）加上时间限制，让自己更容易迈出第一步。

例 "一个月内可以开始的解决方案的第一步是什么？"

应用1-3：调查研究中的第一人称提问

曾经只有研究生才会学习的调查研究相关课程，如今已成为在"没有正确答案"的时代中生存的必学内容，初中、高中甚至小学都会教授相关的课程。小学生学习的调查研究课程其实和研究生没有太大差异，重要的要素都是以下两点。

（1）将已经获得的各种知识和经验作为基础。
（2）在此之上，增长新的见识。

第1点是指通过调查，学习目前公认的正确的知识。要想在"没有正确答案"的时代中更好地生存，第2点变得越来越重要，而把第1点作为探索未知领域的主题，则会让人觉得本末倒置。

那么什么才适合作为调查研究的出发点呢？

比较容易想到的一点是"喜欢的东西"，因为这是能激发兴趣的内在原因。

在日本以外国家的论文中，表达能激发兴趣的内在原因时，大多会用"感兴趣"（interest）或"好奇"（curious）这两个词，这也最适合作为调查研究的出发点。但一般情况下，进一步查阅资料后就会发现已经有人做过类似的研究了。

不过不用担心，了解了别人的研究成果以后，你可能会产生新的兴趣。反复经历这个过程，就能在已获得的知识和经验的基础上产生新的见解。

综上，调查研究中的提问也有以下通用框架。

（1）回忆自己的兴趣。

（2）回顾自己已经掌握的知识。

（3）考虑自己还想知道哪些新知识。

（4）确定探究的问题。

☆ 练习方法：

下表中间一栏写的是"直白的提问"，尝试改变措辞，加以修饰，让这些提问更容易回答，变成"促进思维的提问"。

框架	直白的提问	促进思维的提问
回忆自己的兴趣	什么事情能让自己感兴趣？	
回顾自己已经掌握的知识	自己已经掌握了哪些知识？	
考虑自己还想知道哪些新知识	（除了已经掌握的知识）还想了解哪些知识？	
确定探究的问题	自己想探究什么问题？	

创建促进思维的提问要点：

（1）添加主语或主题，用带有感情色彩的词修饰提问，唤醒内心的真实想法。

例 "有哪些事情会让我不知不觉就产生兴趣，感觉很不可思议？"

（2）拓宽时间轴和范围，尽可能多地思考。

例 "近100年以来，世界上都诞生了什么新知识呢？"

（3）这里也需要加入主语或主题，向自己提问。

例 "我究竟还想了解哪些知识呢？"

（4）修饰提问，问一问自己探究什么问题能充满激情并有所收获。

例 "探究什么问题能让我充满激情并获得很大的收获呢？"

第一章 第一人称提问：整理自己的思考

？ 第一人称提问是所有思考的基础

能为我们
指引未来

？ 第一人称提问的问题创建

1 用5W1H进行简单的提问

什么？ 怎么办？

为什么？ 哪里？ 为什么？

谁？ 何时？

如何？

重拾三四岁时的好奇心，
不断提出问题

以肉眼可见的
东西为对象

提出各种问题

2 修饰提问

这个

日本的 邮筒

世界各地的

曾经是……？
（过去）

将来会……？
（未来）

思考方向
会更明确

3 转换为可以用是或否回答的提问

为什么？ 哪里？

谁？ 何时？

如何？

你……吗？

是 否

观察一下提
问中存在或
隐藏着什么
前提条件

④ 借助坐标轴提问

组织
自己
过去　现在　未来

> 一点一点变换思考范围，限定思考的方向！

通过点明主语或主题明确思考范围

> 有助于客观认识到自己想要思考什么、应该思考什么

第一人称提问的应用

职业生涯规划

1. 让自己感到兴奋的事
2. 自己感兴趣的工作或领域
3. 未来理想的生活状态
4. 自己的优势
5. 首先要做的事

解决问题

1. 列出现状
2. 明确目标
3. 找出现状和目标存在差距的原因
4. 根据原因想出解决方案
5. 将解决方案按具体的阶段划分整理

调查研究

1. 回忆自己的兴趣
2. 回顾自己已经掌握的知识
3. 考虑自己还想知道哪些新知识
4. 确定探究的问题

第二章

第二人称提问：
引发对方的思考

第二人称提问中最关键的是考虑对方的情况

什么情况下需要用到第二人称提问呢？

在第二人称提问中，一定存在谈话对象。那么对你而言，谈话对象是什么样的人呢？

如果你是销售员，那么你的谈话对象就是客户；如果你是公司管理者，那么你的谈话对象就是下属；如果你是训练员或咨询师，那么你的谈话对象就是委托人；如果你是家长，那么你的谈话对象就是孩子；如果你是老师，那么你的谈话对象就是学生。有的时候，你的谈话对象还有可能是对你来说很重要的那个人。

那么在什么情况下我们需要向这些谈话对象提问呢？

无论身处什么角色，我们总有需要从谈话对象那里获得（对方知道但自己还不知道的）信息的情况，尤其是如果需要基于这个信息做出某种判断，那么我们肯定希望获取的信息是准确无误的。

有时谈话对象也会向我们寻求意见和建议，在这种情况下，不仅是信息的正确性，谈话对象的感情以及谈话双方的关系都会对结果造成影响。

销售员可能需要引导客户，老师或家长可能需要制止孩子的不当行为。而如果谈话对象是对自己来说很重要的那个人，我们就会想要知道有关对方的各种信息，想办法让对方和自己一同外出。但在这个过程中最重要的是通过大量的交谈构筑起相互信赖的关系。

无论是以上哪一种，最关键的都是要考虑对方的情况。这里所说的情况不仅指客观事实，还包括对方的感情和双方之间的关系。这也是相比第一人称提问，第二人称提问难度更大的原因之一。

如果我们想要得到的答案仅限于客观事实，那完全可以参考第一人称提问练习中邮筒的那个例子，用5W1H来提问就足够了，而且也可以用第一人称提问中提到的5个步骤来解决问题。但第二人称提问中的提问对象不是事物，而是有思想、有感情的人，我们在提问时一定要考虑这一点。

和练习第一人称提问时一样，针对谈话对象以及谈话对象所处的环境提出的各种问题，会成为你交谈中强有力的"武器"。

　　对问题加以限定修饰，可以改变对方思考的范围和方向，也会影响回答问题的难易程度。充分发挥在第一人称提问中学到的知识，一起来挑战第二人称提问吧。

第二人称提问的问题创建

　　第二人称提问存在谈话对象，目的是通过提问从对方那里获得自己想要的信息，比如问对方"今天早饭吃了什么？"等。

　　我们可以把信息分为下表中这几种。

被提问者

		已知	未知
提问者	已知	A：自己和对方都知道	C：自己知道，但对方不知道
	未知	B：自己不知道，但对方知道	D：自己和对方都不知道

　　针对左下方的"B：自己不知道，但对方知道"的信息进行提问，例如"你家住在哪？"，这个信息对方已知但自己还不知道，所以要通过提问获得答案。日常对话中的大多数提问都属于这一类。

　　针对右上方的"C：自己知道，但对方不知道"的信息进行提问，像是"怎么样才不会迟到？"，对于这类问题我们自己心中已有答案，但不直接告诉对方，而是通过提问让对方说出答案，从而促进对方主动付诸行动。

　　针对右下方的"D：自己和对方都不知道"的信息进行提问，比如"毕业旅行去哪里好呢？"，提出问题后，双方会通过交流一起讨论出答案。这类问题有时也包括探究性问题。

针对左上方的"Ａ：自己和对方都知道"的信息进行提问，是对双方已知的信息进行确认的问题。这类提问虽然用的是问句，但目的不是获得答案，而只是单纯的确认，所以不属于本书讨论的提问范畴。但是在构建问题组合时，可以利用自己已知的、能预想到答案的问题发起对话，循序渐进地增加谈话内容。

我们想象一下实际对话的情况。假设你问对方："你家住在哪?"这个问题很容易回答，但如果你和对方的关系不够亲近，对方便可能会拒绝回答，认为"我没有必要告诉你这个问题的答案"。

所以第二人称提问要考虑对方的感情和双方之间的关系。

本章将通过以下步骤进行练习。

首先可以尝试提问自己和对方都知道的问题，这是为了循序渐进地增加谈话内容。然后用提问获取对方知道，但自己不知道的信息，接着询问更详细的情况。通过以上步骤可以获得自己想知道的信息，有时自己想知道的信息对方却并不想说，这时要想构筑双方之间的信赖关系，就需要利用提问找到对方想聊的话题，深入了解对方。

接下来，可以尝试提一些自己和对方都不知道的问题，和对方共享还没有被表达或被认识的情况。对于训练员和咨询师这种需要引发对方思考，促使其付诸行动的角色来说，这种提问方法必不可少。

练习的最后，可以不根据前后文创建问题。要将谈话中省略的部分补充得更加明确，避免造成歧义。

有的读者最想学的是在会议和课堂中经常能用到的第三人称提问的方法，可能有人会觉得练习了第一人称提问以后，第二人称提问的练习是不是就可以跳过了。

实际上，很多时候第三人称提问的效果不好都是因为被提问者不知道问的到底是什么。造成这种状况的原因有很多，比如问题中的主语、谓语、疑问词过于简略，句子本身就不完整；或者虽然语法上没有问题，但语义表达得太模糊，让人不知道从什么方向思考；又或者主语或主体不明确，容易造成歧义；等等。

不过不管原因是什么，太迟注意到或者根本没有意识到提问效果不好，才是最大的症结所在，这会导致最终无法亡羊补牢。

第二人称提问的问题创建

❶ 针对已经知道的信息提问

❷ 针对不知道的信息提问

❸ 深入提问不知道的信息

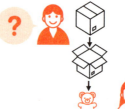

❹ 利用提问找出对方想聊的话题

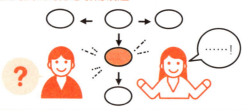

❺ 通过提问引发对方思考尚未被认识或表达的信息

❻ 没有歧义的明确的提问

第二人称提问是和对方一对一进行提问，所以相较第三人称提问，更容易观察提问是否达到了预期的效果。而在发现提问没有达到预期效果时，也更容易进行补救。首先，我们想象一个第二人称提问的谈话对象，然后反复进行提问练习，养成习惯在提问前就检查一下"这样提问能否达到预期的效果?""这个提问对对方来说容易回答吗?"等。

交流的质量和自我表露

前文也说过，在进行第二人称提问时，需要考虑对方的感情和双方的关系，那么在交流中，应该如何观察、调整这些因素呢?

在这里提出一个衡量交流质量的概念——深度。

第一层是"表面"交流，日常对话中无关紧要的闲谈就属于这一层，这种交流一般发生在与邻居或与其他部门同事这种互相认识但交情不深的人之间。

第二层是"事实"，即"发生了什么?""你做了什么?""结果怎么样?"这种为了交换信息而进行的交流。一般工作中进行的交流至少要达到这一层的深度。

第三层是"感情和认识"，在示意图里，这一层的深度已到达了水面之下。即使是经常交流的对象之间，也会有类似"你是怎么想的?""你喜欢或不喜欢这样吗?""你今后打算怎么做?"等没有共享过的信息。

第四层就是"价值观"。我们对一个事实会产生各种各样的情绪和判断，而价值观就是根源所在。例如行政组织里的纵向结构，规定"对其他部门的委托必须要经过本部门上级领导的批准"。如果你在价值观层面认为"开放沟通横向交流的方式更有利于推进工作"，那么这种规定就会引起你的厌烦情绪。但如果有人在价值观层面认为"这种纵向结构的规定更高效，而且大家都已经习惯了，所以不应该做出改变"，那么他在看到不遵守这项规定的言行时则会不高兴。

但遗憾的是人们很少和他人交流有关价值观的话题。大家回想一下，曾和自己就价值观有过深入交流的

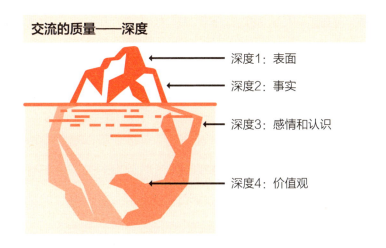

交流的质量——深度

深度1：表面

深度2：事实

深度3：感情和认识

深度4：价值观

人，是不是并不多呢?

在观察和回顾交流内容的时候，很重要的一点就是关注自己和对方交谈的深度到达了哪一层，是表面、事实、感情和认识，还是涉及了价值观。

如果想加深彼此之间的信赖，不进行事实层面的交流，便会缺乏互相之间的基本了解，关系也就无法进一步发展。所以首先应该从事实层面的提问开始，例如问对方"你住在哪里?"之类的。而想要进一步深入交谈的话，就需要进行感情和认识层面的提问，例如"你喜欢你现在的居住环境吗?"等。

以这些问题为契机，双方就有可能进一步发展为可以互相交流价值观等话题的关系。例如提出"你想居住在什么样的地方？"这种问题，对方的回答可能在一定程度上反映出他的价值观。

但是要注意，对于你的提问，对方也可以选择不回答。也就是说，受制于对方的心情或双方的关系，你有可能得不到对方的回答，这样提问就没有发挥应有的作用。为什么会出现这种情况呢？

将有关自己的信息表露给他人叫作"自我表露"。一般情况下，交流的深度越深，人们对自我表露的抵触情绪就越强烈。如果只是表面的个人信息，即使让对方知道了也没有什么风险。例如被游客问到最近天气怎么样时，就算回答"最近经常下雨"，也只是把自己了解的情况告诉了对方，这个信息被对方知道了，或者被对方否定了，对自己来说都不会产生什么影响或风险。

但是关乎事实层面的信息，比如"我住在××"，如果内容足够详细，有的人就会担心告诉别人这些信息会有一定风险（比如可能会被跟踪）。而感情和认识、价值观层面则扎根在人们内心深处，把这些表露给他人时，如果遭到否定，很多人都会感到受伤。

如果不去理解对方这种不安的情绪，不去解决有关对方的感情和双方关系的问题，就会出现提问不能很好地发挥作用的情况。

因此，在进行第二人称提问时，要时刻关注交流的质量。

故意提问自己已知的信息

心理学中有一项叫作"纯粹接触效应"的实验结果，简单来说就是指"接触越多，对对方抱有的好感也越多"。

好感或敌意是在判断对方对自己来说是安全的还是危险的、是伙伴还是敌人的过程中产生的。所以人们一般会对不熟悉的人心怀戒备、充满敌意，熟悉了以后就会放下戒心，开始产生好感。

这一点同样适用于与人交流的情况，交流的次数和信息量越多，加深信赖关系的可能性也就越大。所谓增加交流的次数和信息量，并不是只有其中一方一直在说就行，而是需要双方的谈话量差不多，或者最好是让对方稍微多说一点。而有效的提问，就能让对方打开话匣。

一开始要从不会让对方抗拒且容易回答的问题入手。但如果和对方是第一次见面，或者和对方不算很熟，就很难把握什么问题才不会让对方抗拒且容易回答。

这时候可以利用自己已知的信息进行提问。比如自己已经知道了对方和自己的另一个熟人在高中的时候是同一个管乐队的，那么这时候就可以问："听说你和××是同一个高中的，你当时加入了什么社团?"虽然自己已经知道了这个问题的答案。不出意外，对方会回答"我当时是管乐队的，还和××一起参加过比赛"（当然对方也有可能不愿意提起管乐队的事情，这一点需要事先向彼此共同的熟人打探）。

得到对方的回答以后，就可以顺势询问自己还不知道的信息，比如"你当时演奏的是什么乐器？"，如果对乐器不怎么了解的话，也可以问"你当初加入管乐队的契机是什么？"，从而进一步展开话题。

作为销售员，初次到访别的公司时，可以事先查一查对方公司的资料，如果了解到他们最近有一项新推出的服务广受好评，就可以用"贵公司最近新推出的××进展怎么样？"来引出话题，对方肯定也会高兴地回答"承蒙关照，这个服务自推出以来就广受好评"。

如果只是简单地说"听说你和××高中都是管乐队的"或者"听说贵公司最近新推出的××广受好评"，那么对方可能只会回答一句"是的"，不会再多说其他内容了。所以故意提问自己已经知道的信息，便可以不露痕迹地增加谈话量。

接下来我们就来练习如何就自己已知的信息进行提问。

一开始先练习机械性的提问，然后再利用关于自己身边的人的已知信息进行提问。

练习2-1：你能提出什么样的问题？

○ 练习目标：

利用自己已知的信息进行提问，不露痕迹地增加谈话量。

○ 练习方法：

根据下表左边一栏的信息进行提问。

已知信息	根据左边的信息创建的问题
例：对方假期打算去冲绳	例：你假期打算去哪里？（你之前说假期想去哪里来着？）
例：对方有一个弟弟	例：你有没有兄弟姐妹？

续表

已知信息	根据左边的信息创建的问题
对方很喜欢吃拉面	
因为母校在全国大赛中获胜了，对方很开心	
最近股价大涨	
业务重点逐渐转移为解决方案的销售	

把关于自己身边的人的已知信息写在左边一栏，然后进行提问。

已知信息	根据左边的信息创建的问题

利用提问从对方那里获取未知的信息

在交流中提出问题一般是为了获得自己还不知道的有关对方的信息。第一次见面时，我们为了知道对方是什么样的人，一般都会问对方的个人信息或者对方平时喜欢做什么。

如果是销售员，最想问的应该是对方公司今年的预算；如果是训练员或咨询师，那么想要知道的不仅是客户身边发生的事，还需要了解客户的心理状况；面对自己心仪的人时，我们会想要知道他喜欢什么，不喜欢什么，想要知道有关他的一切信息。

创建这种提问的要素有两个，那就是"问什么"和"怎么问"。要想明确"问什么"，就要弄清楚自己想要知道什么。不清楚自己想要了解什么信息，就无法进行提问。而"怎么问"则指的是如何措辞。例如想要知道对方年龄的时候，可以问"你多少岁"，或者"你多大了"，也可以变换问法，问对方"你是属什么的"。

具体怎么提问要根据自己和对方的关系、交谈的进程，以及交谈过程中的氛围来决定。有的时候单刀直入地提问会让对方更容易回答，但有的时候就需要委婉地提问。

这里需要注意的是，获取信息的提问方法有很多，如果能事先想出很多种提问方式，就能根据时间、地点、场合（TPO）选择最合适的一种。所以我们接下来的练习就是列出多项想要知道的信息，针对每一个信息想出三种以上不同的提问方法。

可以想象提问对象是具体的某一个人，也可以简单地设定为客户这种粗略的对象。首先，尽可能多地列出自己想要了解的关于提问对象的信息（至少十个），然后再针对这些信息提出问题。

这个练习的步骤和第一人称提问中的第一个练习一样，先用5W1H提问，再写下通过提问想要获取的信息，最后思考每一个提问的其余两种提问方法。

先不要考虑提的是不是好问题或者提问是否恰当，哪怕提问方式让人觉得"我们平时根本不这样说话"也没关系，先尽可能多地写下问题。

╱ **练习2-2：你能提出什么样的问题?** ╱

☼ **练习目标：**

为了获取有关对方的未知信息，想出多种提问方式供自己选择。

♀ **练习方法：**

先把下表中"想获取的信息"和"提问方法1"两纵列填满（最少填10条），再逐行写出措辞不同的提问方法。

想获取的信息	提问方法1	提问方法2	提问方法3
例：年龄	例：你多大了？	例：你多少岁？	例：你是属什么的？

续表

想获取的信息	提问方法1	提问方法2	提问方法3

利用提问深挖自己不了解的话题

现在，越来越多的企业为了更好地培养员工，会定期进行上司和下属一对一的面谈，而很多上司都反映面谈过程中"一旦出现自己不了解的话题，谈话就难以进行"。

例如谈到周末去了日本中部地区，就会问对方"你去了哪里？"，如果对方回答"去摘草莓了"，那么就可以顺着对方的话问"草莓好吃吗？"之类的，这样话题就能继续下去。可是如果对方回答"我去看太刀①了"，可能有的人就不知道该怎么接话了。最后只能接一句"是吗，我这个周末啊……"，把话题转到自己身上，这样一来就失去了了解对方的机会。

这种时候，如果想要让对方说得更详细一些，就可以问："太刀有什么值得一看的地方？"如果没听懂对方

① 太刀：日本古代的一种兵器，日本平安时代后期被称为太刀时代。太刀具有较大弯曲度，分为大太刀、小太刀等。——译者注

说的太刀是什么，也可以就此提问："我没太听懂，你刚刚说去看什么了？"

不过，大多数人对于自己不了解的话题都会近乎本能地采取回避的态度。这是为什么呢？主要原因有两个，一是单纯出于对未知的恐惧。自己不熟悉的地方可能潜藏着未知的危险，所以会感到害怕。同样地，自己不熟悉的话题中也可能存在未知的风险。另一个原因就是下意识地产生了不想暴露自己不了解这个话题的心理。

常言道："问乃一时之耻，不问乃一生之耻。"可是日本人在潜移默化中，已经认为"问（提问）"这件事即使是一时的，也是一种耻辱。

在日本，对于上司和下属这种上下级关系，很多人认为"上司必须在各个方面都起到表率作用，都要教导下属"，因此，"有不知道的事是一种耻辱"的意识越来越强了。

我们在理解这种风险意识的基础上，尝试练习承担这种风险。如果能下意识地问出"你刚刚说的××是什么？"，那么我们练习的目的就达到了。

/ 练习2-3：你能提出什么样的问题？ /

◇ 练习目标：

当谈话中出现自己不了解的话题时，要做到敢于提问。

◇ 练习方法：

下表左栏中写着很多冷门的话题，尝试写出"了解话题是什么"和"了解详细信息"的提问。

话题	了解话题是什么的提问	了解详细信息的提问
例：我要去看太刀	例：太刀是什么？	例：太刀有什么值得一看的地方？
我要去练习魁地奇①		
我要去看巨嘴鸟②		

① 魁地奇：《哈利·波特》系列中重要的空中团队对抗运动，是魔法世界中由巫师们骑着飞天扫帚参加的球类比赛。——译者注
② 巨嘴鸟：因色彩艳丽和惊人的大喙使其观赏价值极高，主要分布在南美洲热带森林中，尤以亚马孙河口一带为多。——译者注

续表

话题	了解话题是什么的提问	了解详细信息的提问
我要去看摇摆帝国①的复出演唱会		
我去吃了黑袍鱼		
我体验了坐在亚马孙王莲②上		
我去了《刀剑神域：序列之争》③圣地巡礼④		
我去了剧团狗咖喱⑤举办的展览		

---

① 摇摆帝国：日本著名摇滚乐队，由坂本慎太郎、龟川千代、柴田一郎在1989年结成。——译者注
② 亚马孙王莲：睡莲科王莲属多年生或一年生大型浮叶草本植物。——译者注
③ 《刀剑神域：序列之争》：日本著名动漫电影。——译者注
④ 圣地巡礼：指次元文化爱好者根据自己喜欢的作品，造访故事背景区域，该场所被称为圣地。——译者注
⑤ 剧团狗咖喱：日本的动画作家组合。——译者注

通过提问引出对方想要谈的话题

提问分纵向提问和横向提问两种。

纵向提问就是深挖话题的提问，是为了进一步了解话题而提出的问题。例如已知对方周末去看了电影的情况下，继续提出"你看了什么电影?""电影感人吗?""你为什么觉得感人?"这些问题就属于纵向提问。

横向提问是转变话题的提问。虽然是转变话题，但话题之间还是要存在一定的关联，这样才更自然。在已知对方周末去看了电影的情况下，继续提出的"下周末你也打算去看电影吗?""你周末还会做什么?"这些问题就属于横向提问。

而横向提问和原本话题的关联性也有大有小。例如"下周末你也打算去看电影吗?"这种提问和话题的关联性很大，而"你周末还会做什么?"这种提问，如果让不同的人来回答，话题的走向可能会不一样。

为了引出对方想要谈的话题，就需要区分纵向提问和横向提问的用法。一般情况下，针对一个话题提出纵向提问后，对方顺着提问继续谈论起了更详细的情况，那就可以判断这是对方想要谈的话题，这时便可以继续提出纵向提问，获得有关感情和认识或价值观方面的信息。

　　如果对方没有顺着提问说下去，就可以试着用横向提问稍微转变一下话题，然后再进行纵向提问，获取对方的回答。

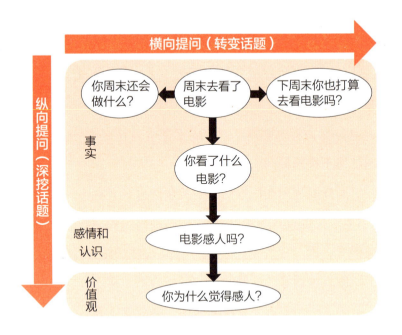

为什么分别运用纵向提问和横向提问两种提问方法可以详细询问对方想要谈的话题，并对构筑信赖关系有重要作用呢？

一个原因是上文提到的"纯粹接触效应"。如果让对方觉得"今天说了很多话，因为交谈对象是他我才能畅所欲言"，那么对方就会产生和你的关系更亲近了的感觉。

另一个原因是交谈的质量。如果交流不仅停留在事实层面，还涉及了感情和认识及价值观层面，那么对方就有可能觉得"这种话我只能跟他讲"。

无论是工作中还是生活中，在构筑信赖关系时这样提问都会发挥很大的作用。

下面我们来做纵向提问和横向提问的练习吧。我们需要针对一个话题提出两个纵向提问和两个横向提问。

最好能做到一个纵向提问深挖事实，另一个纵向提问涉及感情和认识层面，两个横向提问和原本话题的关联性有所差别。

练习2-4：你能提出什么样的问题？

◇ **练习目标：**

分别运用纵向提问和横向提问两种提问方法，引出对方想要谈的话题，构筑信赖关系。

💡 **练习方法：**

下表左栏中写着很多话题，针对话题提出两个纵向提问和两个横向提问。

话题	纵向提问1（事实层面）	纵向提问2（感情和认识层面）	横向提问1（关联性大）	横向提问2（关联性小）
例：我今天吃了早饭	例：你早饭吃的什么？	例：你吃完早饭感觉怎么样？	例：你今天几点起床的？	例：你午饭想吃什么？
我上周末去看了电影				

续表

话题	纵向提问1（事实层面）	纵向提问2（感情和认识层面）	横向提问1（关联性大）	横向提问2（关联性小）
工作终于告一段落了				
我走错路让朋友等了30分钟				
我在地方比赛中进了前八				
英语考试考了85分				
收到的压岁钱格外多				

把能想到的生活中的事写下来，然后进行提问。

话题	纵向提问1（事实层面）	纵向提问2（感情和认识层面）	横向提问1（关联性大）	横向提问2（关联性小）

第二人称提问中主语或主题不明确的风险

　　想象一下如果上司对自己公司产品销售额的变化，向下属提出以下问题，下属会怎么理解上司的提问呢？

　　A：××最近卖得不错的理由是什么？
　　B：你觉得××最近卖得不错的理由是什么？

　　A句中没有点明主语或主题，B句中多了"你觉得"，点明了主语。

　　如果用A句的提问方式，根据上司和下属之间的关系不同，有的人会站在自己的角度思考，而有的人会想"上司的心里应该已经有了答案，他是想让我猜出这个答案吧，我要怎么回答才好呢？"，开始猜测上司心中的答案。所以，主语或主题不明确，可能会有让人产生猜疑的风险。

　　如果要表达"理由有很多，但是我想听听你的意见",那么最好在提问中点明主语或主题,再加上一句"不要想太多,我只是想知道你分析后得出的想法",意思传达就更准确了。

学校里也经常会出现类似的情况。比如老师对学生这样提问。

A:地球持续变暖的根本原因是什么?

B:你觉得地球持续变暖的根本原因是什么?

和上文一样,用A句提问,根据老师和学生平日的关系不同,有的人会开始猜测"老师希望我怎样回答呢?"。

如果把这个话题当作课题,之前已经让学生看过专家访谈和相关视频资料,想要检查学生是否已掌握相关知识的话,用A句的提问方式或许更恰当。不过,如果目的是检查学生的知识掌握情况,或许应该这样提问:"访谈资料中专家说原因是什么?"强调"专家"这一主语会让提问更明确。

如果想问的是"资料和视频中提到了很多原因,

你认为最根本的原因是什么呢?"，在提问中没有点明主语"你"，就会有提问的目的没有准确传达给对方的风险。

在第一人称提问中曾提过"点明主语或主题，能明确思考范围"。那么在第二人称提问中，我们也要根据提问的目的，点明主语或主题。

通过提问了解对方没有意识到或没说出口的情况

人们往往会有"被问到才意识到这个问题"或者"被问到才开始重新审视这个问题"的情况。第一人称提问中关于调查研究的提问就属于这种情况。

请大家回想一下对"自己知道，但对方不知道的领域"以及"自己和对方都不知道的领域"进行的提问。

对于"自己知道，但对方不知道的领域"，也可以不用提问的方式，而是把自己知道的信息直接告诉对方。那么在这种情况下，用提问的方式有哪些好处呢？

　　主要有三个好处。第一点是如果自己知道的信息是错误的，就可以借此机会进行修正。如果把自以为正确的错误信息直接告诉对方，对双方都不是一件好事。第二点是这样可以给对方思考、回忆的机会。这一点和第三点也有联系。第三点是可以让对方自己说出思考、回忆到的信息，从而提高对方的接受度。人们往往无法否定自己想到的、回忆起的事情，正因为是自己说出口的，才必须要接受。

　　先举一个正面案例具体说明一下。

　　假设孩子跳绳的时候第一次连跳了20个以上。这时候可以运用提问向对方确认事实，例如"真厉害，刚刚跳了多少个？"，这一信息是自己和对方都知道的。如果想要和对方分享此刻的心情，就可以提问"你现在感觉怎么样？"，然后，为了下一次也能跳20个以上，可以接着问"你刚刚怎么做到跳了这么多个的？"。对方的回答可能有很多种情况，例如"我努力坚持到了最后""我刚才是慢慢摇绳的""我刚才是看准了绳再跳的"等，当然提问的一方一直在旁边观察，自然是知道这个原因的。听到对方回答以后，可以继续说"刚刚坚持到了最后，真棒。下一次也能坚持下来吗?"。对方可能会回答"能，我下一次也会努力"。

当然我们也可以不用提问的方式，而是直接表达"真棒! 刚刚跳了25个，下次也要继续努力"。从别人那里听到这句话和从自己的嘴里说出"我刚刚跳了25个!""真开心!""我刚刚努力坚持到了最后""下一次也会努力"，哪一种会对接下来的发展更有效果呢?

给别人提改善意见的时候也一样。

举一个商务场合中的例子。有一个下属汇报做得不好，原因可能是准备时间不够。

假设你问下属："你给你今天的汇报打多少分?"对方可能就会回想"还有很多地方做得不够，我还想做得更好"，然后回答说"只能打65分"。这样对方才能用语言表达自己的想法。

接着问"是哪些地方扣掉了35分呢?"，对方就会更加仔细地回顾汇报的过程，然后回答"一直盯着电脑，没有目视前方""准备的资料全是密密麻麻的字，不方便阅读""时间到了的时候没有把自己想说的都说完"等。

为了下一次做得更好，可以接着问对方原因："为什么会出现这种情况（你自己是怎么想的）？"

对方可能会这样回答："我觉得是因为准备的时间不够，我把汇报想得太简单了……"

然后继续提问：

"这次是多长时间的汇报？"
"20分钟。"
"你觉得准备20分钟的汇报需要花多长时间？"
"差不多2小时吧。"
"2小时是20分钟的多少倍？"
"6倍。"

这样，对方下次汇报的时候，应该就能做到自己说的"至少花汇报时长6倍的时间进行准备"。

可是如果只是单纯地指出对方的不足，效果会怎么样呢？

"你这次的汇报我只能打65分。你汇报的时候一直盯着电脑，没有目视前方，明显是准备时间不充足。下次至少要花汇报时长6倍的时间进行准备。"

如果这样说，最糟糕的情况下，可能只能给对方留下一个"你的汇报做得不好"的印象，那么今后对方大概会尽可能避免再做汇报。

培训师或者咨询师也会经常用提问的方式和对方讨论他之前没有意识到的，或者还没有说出口的情况。这类提问在日常生活或者商务场合中能起到很大的作用。

下面我们就来进行相关的练习吧。首先列出自己想要和对方讨论的话题，然后针对每一个话题提出一个确认事实的问题和两个涉及感情和认识的问题。

╱ 练习2-5：你能提出什么样的问题？ ╱

◇ 练习目标：

通过提问和对方讨论他之前没有意识到的，或者还没有说出口的情况。

◇ 练习方法：

在下表中写下"想要讨论的话题"，每一个话题提出一个"确认事实的提问"和两个"涉及感情和认识的提问"。

想要讨论的话题	确认事实的提问	涉及感情和认识的提问1	涉及感情和认识的提问2
例：孩子跳绳的时候第一次连跳了25个	例：真厉害，刚刚跳了多少个？	例：你现在感觉怎么样？	例：刚刚怎么做到跳了这么多个的？
例：下属的汇报做得不好	例：你给你今天的汇报打多少分？	例：是哪些地方扣掉了35分呢？	例：为什么会出现这种情况（你自己是怎么想的）？

如何让对方关注事实和价值观

在需要熟练使用第二人称提问的工作当中，比较有代表性的就是咨询工作了。

咨询师需要运用提问，弄清实际发生的事情，究明其背后的原因，考虑根本性的解决方案。可是，认识到或者回忆起实际发生的事情和感受却远不像想象的一样简单。心理学博士克里斯托弗·查布利斯（Christopher Chabris）和丹尼尔·西蒙斯（Daniel Simons）曾通过一个有名的实验"看不见的大猩猩"，告诉人们只有在被提醒了之后，才能注意到眼前发生的事情。

"看不见的大猩猩"实验要求受试者在观看一段影像后，回答一个问题。

影像中，6名身穿黑色和白色衣服的大学生分成了两组，每组的组员之间会互相传递篮球。受试者需要回答身穿白色衣服的人传球的次数。

过了一段时间，有一个穿着人偶服伪装成大猩猩的人突然出现在画面里，并稍作停留然后离场。

观看结束后，研究人员向受试者提问"身穿白色衣服的人传了几次球？"的同时还会问他们"你有没有看到大猩猩？"。

可是，尽管大猩猩非常清晰地出现在了画面中央，却还是有约六成的受试者表示"有出现吗？"，他们完全没有注意到画面里的大猩猩，因为他们的注意力完全放在了穿白色衣服的人身上。

正因为人们只会注意到自己有意识关注的东西，提问才显得尤为重要。能熟练运用这种提问的人，可以称得上是这方面的专家了。

负责发展中国家援助等国际援助方面的咨询师中田

丰一在《对话模型》中总结了很多运用提问让对方关注当下事实，明确事物现象，交流自我认识的对话。

这些对话中高频出现的是5W1H中除了"为什么"（Why）和"如何"（How）之外的4个疑问词，也就是"何时"（When）、"哪里"（Where）、"谁"（Who）、"什么"（What）。那么与之相关的问题就是为了明确"何时、哪里、谁、（做了或看到了）什么"。

中田丰一去发展中国家支援的时候，当地人因为很多孩子患了腹泻而十分困扰。对此，中田丰一问他们孩子"为什么"会患腹泻，并且考虑了"如何"解决问题，最后得出的结论是"因为水质不好导致了孩子的腹泻"，并以"帮他们挖井"的方式提供了支援。

可是一年以后，中田丰一发现，当地人并没有用那个井。从这件事的经验中他总结出了对话型建导。

也就是说，对于"很多孩子患了腹泻"，没有确认过事实真相就问"为什么"，结果只是造出了对方完全不需要的东西。

如果当时弄清楚患了腹泻的孩子是"哪里"的"谁"在"何时"患了腹泻，然后再进行提问，结果会怎样呢？可能"很多孩子患了腹泻"是山那边的村落发生的事，而不是这一带。

不仅是援助发展中国家的时候，在很多情况下，这种不先问"为什么"，而是先确认"何时""哪里""谁""什么"的方法也很有效。

在探索人们的感受和价值观时，或者分析问题的原因以找到有效的解决方案时，用"为什么"提问非常有用。然而，当被提问者还不能清楚地表述当时的情况，或没有掌握正确答案时，用"为什么"提问就不一定有效了。这时就需要用"何时""哪里""谁""什么"来提问。

例如问一个人："对你来说日常生活中的幸福是什么？"对方的回答是"闻到面包的香味时就会感觉很幸福"。这时，如果你突然问对方："为什么闻到面包的香味就会感觉很幸福？"对方想不到准确的理由，可能就只会回答"我也说不清为什么……"，而尝试以下几种提问方式，就能更详细地了解对方的感受了。

- 你在什么时候闻到面包的香味会感觉很幸福？是

在早晨吗？

- 你一般在哪里吃这种香喷喷的面包？在家里？还是在面包店？

- 你觉得还有谁和你一样，闻到面包的香味就会感觉很幸福？

- 你闻到面包的香味时会联想或回忆到什么幸福的事吗？

同样，面对"你为什么又忘带东西了？"和"你为什么做不到？"这类用"为什么"提问的问题，被提问者一般都会在心里嘀咕"要是知道为什么的话，我早就改了"，所以这类情况不断问对方"为什么"也不会有好的效果。

如果对方总是忘带东西，问一问"一般什么时候会忘带东西""有没有不会忘带东西的时候""什么东西容易忘带""总是忘带的东西有什么特点"，可能更有助于究明原因并找到解决方案。

有时，不让"为什么"脱口而出，就能让对方关注到事实和价值观。

问为什么就能解决问题吗

- 为什么你总是这样?
- 为什么你还没做完?

回想一下,下属总是完不成你交给他的工作,孩子或学生总是忘带东西的时候,你会不会这样质问呢?或者你有没有听到过类似的对话?

这种用"为什么"提问的问题,从形式上来看是在问原因,但是被提问者听到以后,真的会考虑"为什么自己会犯这种错"或者"为什么自己没做好",并给出答案吗?

别人问你原因的时候,用"可是""但是""所以说""反正"这4个词来回答是不够礼貌的,会让听的人感觉不舒服。但是听到上面那两个用"为什么"提问的问题,人们会不自觉地想要用这4个词反驳。大家觉得呢?

另外，在分析课题时，很多企业都会践行"反复问5个为什么"的丰田式5W1H思考法（反复问5个为什么，查明原因，再考虑怎么解决问题）。

也就是说，问"为什么"有时候很有效，而有时候却完全没有效果，这两种情况有什么差距呢？表面上看是问法的差距，那这个差距是怎么产生的呢？我们再来重新审视一下这些提问。

- 为什么你总是这样？
- 为什么你还没做完？

提问的一方真的是在寻求答案吗？不是的，提问的一方只是单纯地在表示禁止——"你不要再这样做了！"和最急迫的催促——"你快做！"。有时候甚至连这层意思都没有，只是在宣泄情绪，向对方传达"看到你这样我觉得很烦躁"的意思。这种问句不在本书讨论的提问的范围内。

被提问者可能会揣测提问者的潜台词和意图，然后回答"对不起"，这样的问答对于解决问题没有任何帮助。

事实上，对于很多践行丰田式5W1H思考法的公司来说，最关键的是要把目前的情况看作一个体系或一组关系，而不是指责单独的一个人。关于这一点再详细解释一下。

为了减肥大幅减少饮食量→感到烦躁→耐不住饥饿开始吃零食→体重没降所以进一步减少饮食量→更加烦躁。这是一种简单的体系。

下属害怕上司或上司因为下属不主动跟自己汇报情况而感到烦躁→下属因为上司的情绪不好所以汇报得晚了或上司在事态恶化以后才发现所以更加生气了。这是一个存在关联性的体系。

把当前的情况看作一个体系去解决问题的要点就是，要记住"人无完人"（或者说要去怀疑"人必须是完美的"这一前提）。也有人把这一点称作"理想状态"。

- 为什么你总是这样？
- 为什么你还没做完？

在理想状态下，被提问的"我"只是体系中的一个环节，只是出现问题的原因之一。这样想的话，问句的语感是不是也发生了一些变化呢？

- 为什么你经常会这样做呢？
- 为什么你一般都会把这件事放到最后做呢？

如果还能再表达出"我们一起来想一想原因吧"这层意思，那么不管是对方还是自己都会开始列出原因，并进行分析和反省，这样不就能找到解决方法了吗？

- 这个"为什么"是针对"个人"提出的吗?
- 还是针对"体系"提出的?

提问前最好先这样问一问自己,考虑清楚了再说出口。

提出没有歧义的"明确的问题"

你有没有过被人提问时感到困惑,不知道要回答什么,反过来询问对方"我应该回答什么呢"的情况?

比较有代表性的例子就是别人在介绍你并不感兴趣的商品或者服务,最后问你:"您觉得怎么样?"这时,是要展开谈谈自己的感想,还是简单地回答想要或不想要,或者进一步询问自己没听懂的地方呢?

总之,通过提问看不出提问者想得到的回答,这样的提问就是没有效果的提问。

日语是重视语境的高语境①语言，所以对话中经常会省略信息。例如一个人刚换了发型，那么当他问别人"你觉得怎么样?"的时候，他希望对方回答什么呢?

我们来帮他补全省略的内容，这个人想问的应该是"新发型适合我吗?"或者"你喜欢我的新发型吗?"。前一个问题可能是问朋友的，后一个问题可能是问心仪的人，如果由上下文能看出两个人的关系，那么就更容易想象出具体提问的内容了。

为什么会出现这种容易让人感到困惑的提问呢?

大多数情况是因为提问者心里已经有了一个前提，认为"在这种情况下，我希望你这样回答"或者"顺着我们谈话的进程，你应该这样回答"。而被提问者没有捕捉到这个前提，所以就会感觉问题很不明确。

再加上在日本文化中，客套一般会被看作是一种礼貌和尊敬。所以提问者虽然想要得到对方明确的答案，

---

① 高语境：在传播信息时，绝大部分信息都存在于物质语境中或内化在个人身上，极少存在于编码清晰的被传递的信息中。——译者注

但又害怕对方说话太直接。由于这种心理在作祟，就会提出需要联系语境理解的不明确的提问。

　　要想提出不会产生歧义的问题，就需要明确自己想让对方回答什么，然后用不需要联系语境理解的完整的形式提问。

　　接下来让我们针对以下情况，想出几个希望对方回答的内容，然后练习提出"不需要联系语境理解的完整的提问"。

／ **练习2-6：你能提出什么样的问题？** ／

　◇ 练习目标：

　　提出"不需要联系语境理解的完整的提问"。

　　◌ 练习方法：

　　下表左栏是"需要联系语境理解的不明确的提问"，根据提问想出两个"（可能）希望对方回答的内容"。然后提出"不需要联系语境理解的完整的提问"来问出这些内容。

需要联系语境理解的不明确的提问	（可能）希望对方回答的内容	不需要联系语境理解的完整的提问
例:（指着自己的新发型）你觉得怎么样？	例: 对发型的一般印象，比如是否适合自己	例: 这个发型适合我吗？
	例: 对方的感想，比如对方是否喜欢自己的新发型	例: 这个发型和我之前的发型你更喜欢哪个？
例:（介绍商品或服务）你觉得怎么样？	例: 想要还是不想要	
	例: 自己介绍的内容对方理解了多少	
例:（见到了很久没见的朋友）最近怎么样？		

113

第二人称提问的应用

我们已经做了很多有关第二人称提问的练习了，那么我们获得的提问力要用在哪些场合呢？

首先就是想要获取"对方知道，但自己不知道的信息"的时候。现在在互联网上能搜索到很多信息，但这些信息有好有坏，所以亲身经历的第一手资料很有价值。而经历过战争或灾难的人亲口介绍的情况和感受，不仅是一种资料，还具有较高的价值。要想让当事人说出当时的情况，就需要发挥第二人称提问的能力了。

除此之外，第二人称提问还能让对方思考之前没有意识到的事情。这一点不仅在上司和下属、销售员和客户、自己公司和合作伙伴公司等商务场合的人际关系中发挥着重要的作用，而且在老师和学生、父母和孩子之间，用提问向对方点明思考的范围，也可以启发对方思考，达到双方期待的目的。

第二人称提问的关键是信任关系。提问力就像一把利刃，使用这把利刃时当然也可以只考虑自己的利益，不考虑对方，但本书的宗旨是达到双方都理想的结果，要做到这一点，就需要运用提问力，关注对方的情况，提高对话质量的同时，建立相互信赖的关系。

接下来我们将利用一些一般性框架做练习，以便能够在各种情况下发挥提问力。想象和亲近的人对话的场景来改变措辞修饰提问，一定能让你的提问方式更加实用。

> **应用2-1：在一对一的谈话中用第二人称提问了解对方的兴趣和关心的事**

一对一的谈话形式和话题多种多样，有畅所欲言的杂谈，也有确认重要项目进展的对话。我们在第一人称提问中已经讲过了如何应用提问解决个人问题，在这里我们主要讲如何通过提问了解对方的兴趣和关心的事，这在单纯确认工作进展的时候往往难以做到。

这时可以运用市场营销中经常会用到的"阶梯法"。

阶梯法是一种结构性访谈方法，指的是为了分析用

户选择产品或服务的原因，按顺序询问用户产品或服务
的特点（事实）、使用时的感觉（感受）以及个人的价
值观。

　　也就是说从前文中提到的深度较浅的对话开始，循
序渐进地提出越来越深入的问题。这个过程可以简单概
括成以下4个步骤。

　　（1）对什么感兴趣？

　　（2）哪些地方很有趣？

　　（3）有什么感觉？

　　（4）为什么会有这种感觉？

> 💡 练习方法：
>
> 下表中间一栏写着"直接的提问"，改变提问的措辞或
> 者对提问加以修饰，使之变成更容易回答的"促进思维
> 的提问"。

框架	直接的提问	促进思维的提问
对什么感兴趣？	你对什么事物感兴趣？	
哪些地方很有趣？	你认为这个事物的哪些地方很有趣？	
有什么感觉？	你有什么样的感觉？	
为什么会有这种感觉？	你为什么会有这样的感觉？	

创建促进思维的提问要点：

（1）加上表示时间的修饰词或限定领域会让对方更容易回答。

最近有什么让你感兴趣的事？

（2）加上主语或主题，针对对方的一个回答继续提问。

例 这个事物的哪些地方吸引了你？

（3）描述一种情景，让对方更容易回答。

例 （做或尝试或看）的时候，你有什么样的感觉？

（4）将焦点对准某一个瞬间，提出直接的问题。

例 那个时候，你为什么会有这样的感觉？

应用2-2：用第二人称提问了解顾客的需求

销售员和销售工程师[①]等在一线与客户打交道的商务人士，在工作时需要积极地向客户介绍自己公司的产

---

① 销售工程师：指能够独立管理和策划商品的区域销售、营销业务的高级销售人才。——译者注

品和服务，他们说服客户的方式和我们之前讲过的方法不同。

　　常见的方法有"顾问式""建议型""问题解决方案型"等很多种。但不管哪一种方法，都是为了向客户提供自己公司的产品或服务，满足客户的需求。

　　因此在从事这种商业活动时首先要知道客户真正想要什么。由此可见提问十分关键。

　　参考第一人称提问中解决问题的框架，以下3点是必不可少的。

　　（1）确认现状。
　　（2）确认目标。
　　（3）确认原因。

　　除此之外还要确认对方优先考虑的因素，如果自己公司的产品或服务刚好可以解决对方优先考虑的问题，那么就离成功近了一大步。综上，我们可以总结出以下4个步骤。

（1）确认现状。

（2）确认目标。

（3）确认原因。

（4）确认对方优先考虑的因素。

♀ 练习方法：

　　下表中间一栏写着"直接的提问"，改变提问的措辞或者对提问加以修饰，使之变成更容易回答的"促进思维的提问"。

框架	直接的提问	促进思维的提问
确认现状	你现在有什么困难？	

续表

框架	直接的提问	促进思维的提问
确认目标	你想要达到什么目标？	
确认原因	你认为现状和目标之间存在差距的原因是什么？	
确认对方优先考虑的因素	你觉得要优先解决什么问题？	

创建促进思维的提问要点：

（1）商务活动中存在各种困难，首先要让商谈的重点逐渐转移到自己公司的产品或服务相关的领域。

例　从××的观点来看，你最近在工作上有什么困难？

（2）突然被问到目标或理想，人们往往很难给出确切的答案。可以变换一下说法，比如"怎样才能更容易"，降低对方回答的难度。

例　怎样才能让这个工作变得更容易呢？

（3）突然被问到原因，人们往往也很难回答。可以尝试用其他方式表达。

例　是什么导致了这个工作不能顺利进行呢？

（4）排出所有事情的优先顺序可能比较难，但是最先要做的事和可以最后做的事却很容易想到。先确认对方首先要做的事。

例　你觉得现在必须要开始做的事是什么？

应用2-3：用焦点讨论法进行第二人称提问从而化解矛盾

管理团队或班级时，内部成员之间可能会产生纠纷或摩擦。出现这种情况以后，如果用召开集体会议的方法解决问题，那就属于本书所讲的第三人称提问的范畴了。现在我们先来想一想如何运用焦点讨论法（ORID）的提问框架，通过第二人称提问解决问题。

焦点讨论法由4个英文词组的首字母组成，分别是"确认事实的提问"（Objective question）、"对此事实有什么感受的提问"（Reflective question）、"回顾事实和感受以后产生了什么启示和思考的提问"（Interpretative question）、"讨论接下来如何行动的提问"（Decisional question），这也是焦点讨论法的4种提问框架。

我们假设自己是上司或老师，接下来要和两个发生矛盾的当事人进行交谈。尝试在这种情况下创建问题吧。

🔆 练习方法：

下表中间一栏写着"直接的提问"，改变提问的措辞或者对提问加以修饰，使之变成更容易回答的"促进思维的提问"。

框架	直接的提问	促进思维的提问
O：事实	你说说发生了什么事？	
R：感受	你当时有什么感受？	
I：启示	（知道了彼此的感受以后）你是怎么想的？	
D：接下来的行动	你觉得接下来应该怎么做？	

创建促进思维的提问要点：

（1）同时面对两个人的时候要保持中立，避免情绪化，引导对方说出实际情况。

例　你们两个因为什么事产生了矛盾？

（2）分别关注两个人的感受。

例　发生了这件事以后，你们两个分别是什么心情？

（3）加上主语或主题，告诉对方能解决问题的只有当事人自己。

例　知道了彼此的感受以后，你们两个现在是怎么想的？

（4）加上表示未来时间的修饰。

例　为了以后能更好地相处，从明天开始你们想做出哪些改变？

倾听有什么效果

本书主要围绕提问力进行叙述，所以我们一直在进行有关提问的练习和讲解。不过，在第二人称提问中，仅凭提问无法发挥最好的效果，"提问"必须和"倾听"搭配运用。

倾听，用英语说就是"Active listening"，意思是除了问，还要积极地听。那么如何做才是积极地听呢？

想象一下完全相反的情况往往更有助于理解。我们先考虑一下"没有积极地听"是什么样子的。

- 一边听对方说话一边做别的事。
- 没有看着说话的人。
- 对对方说的话没有反应或回应。

大家的脑海里是不是浮现出了在餐桌旁看着报纸，完全不听家人讲话的父亲的形象呢。而所谓倾听，就是与上述情况相反的行为。

- 停下手中的事，认真地听对方说。
- 面朝对方并看着对方。
- 用语言和态度做出回应。

用语言和态度做出回应的方式除了随声附和之外，还可以重复对方的话。

别人郑重地对自己说"我有事要和你商量"的时候，大多数人都会认真倾听，但是在日常生活中当有人比较随意地过来向你搭话时，却很少有人能注意到这一点。

假设有两个人在对话，一个人随口问了一句"你周末干什么了?"，另一个人回答"去看电影了"，这时候如果提问的人只是附和一句"是吗"就转到下一个话题的话，回答的人就会觉得"对方根本不关心我干了什么"。

要注意，倾听可以传达自己对对方的关心，不倾听不仅无法传达对对方的关心，反而会传达出"自己完全

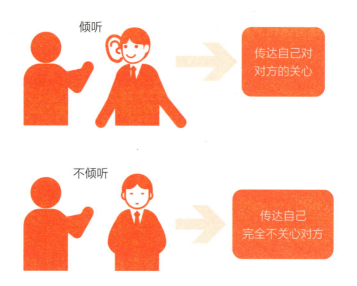

不关心对方"的意思。

　　我们是为了加深彼此的信赖才向对方提问的，结果却让对方觉得自己毫不关心对方的回答，那么对方以后可能就不愿意跟我们讲心里话了。面对我们的提问，对方以后可能只会回答一些场面话，或者揣测我们的意图来进行回答。

　　训练员经常用"80%的倾听，20%的提问"来说明倾听的重要性。

128

此外，还有以下几种在交流时能让对方对自己产生好感的附和方式。

- 好厉害！
- 我这还是第一次听说！
- 好棒啊！
- 品位真好！
- 原来是这样啊！

第二人称提问只有和倾听搭配使用才能发挥作用。我们在和他人交流时，不仅要注意提问力，还要培养倾听力。

第二章　第二人称提问：引发对方的思考

❓ 第二人称提问中最关键的是考虑对方的情况

 客观事实 ⟷ 关系 ⟷ 感情

❓ 第二人称提问的问题创建

❓ 交流的质量和自我表露

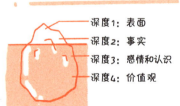

- 深度1：表面
- 深度2：事实
- 深度3：感情和认识
- 深度4：价值观

深度越深，人们对自我表露的抵触情绪就越强烈

1 故意提问自己已知的信息，用提问不露痕迹地增加交流的次数和信息

初次见面，请多关照 喋喋不休

2 利用提问从对方那里获取未知的信息

 问什么？ 怎么问？   未知的信息

3 利用提问深挖自己不了解的话题

未知的恐惧，不想暴露自己不了解这个话题

承担风险

我不太了解这个 关于××

了解话是什么的提问
了解详细信息的提问

4 通过提问引出对方想要谈的话题

转变话题的提问 **区分使用**

 深挖话题的提问

5 通过提问了解对方没有意识到或没说出口的情况

修正想当然
思考的机会 回忆的机会 嗯……
提高对方的认同感
关于事实的提问 跳了20个！
关于感情的提问 感觉怎么样？ 很开心
喂！ 原来如此

6 提出不会产生歧义的"明确的问题"

不需要联系语境理解的完整的提问

 这个发型适合我吗？

? 第二人称提问中主语或主题不明确的风险

你觉得××怎么样？ 对谁来说？

有提问的目的没有准确传达给对方的风险

? 让对方关注事实和价值观的提问

为什么 何时？ 谁？ 哪里？ 什么？

? 问一问"为什么"，就能解决问题吗？

为什么？   个人 体系

? 关于倾听

 好棒啊！原来是这样啊！

停下手中的事，认真地听对方说
面朝对方并看着对方
用语言和态度做出回应

? 第二人称提问的应用

一对一谈话
1 对什么感兴趣
2 哪些地方很有趣
3 有什么感觉
4 为什么会有这种感觉

咨询
1 确认现状
2 确认目标
3 确认原因
4 确认对方优先考虑的因素

化解矛盾
O 确认事实
R 了解感受
I 询问启示
D 促进下一步行动

131

第三章

第三人称提问：
总结大家的思考

推动对话向新的阶段发展的第三人称提问

你认为什么情况下需要用到第三人称提问?

这里说的第三人称提问,指的是向很多人提出问题,意思和语法上说的第三人称略有不同。问题是向大家提出的,提问者会期待被提问的人们做出某种反应,我们在这里把这种提问叫作第三人称提问。

无论是在商务场合,还是在学校、地方政府,都会召开会议。而会议过程中,就需要发挥第三人称提问的作用。

在做销售简报的时候,用好第三人称提问可以更好地让别人参与到销售活动中,有利于商谈的顺利推进。如果你是学校的老师,那么你在课堂上,尤其是自主学习型的课堂上,肯定经常用到第三人称提问。此外,在地方政府举办的说明会中,为了收集居民的意见,提高

大家的接受程度，也必须使用第三人称提问。那么第三
人称提问在不同情况下都有什么效果呢？

当很多人聚集在一起讨论时，提问可以给大家提供
一个共同的思考范围。例如对于"今后的行动"这一话
题，就可以提问："面向2030年，我们现在必须在哪些
方面做出努力？"这个提问不仅包含了时间，还点明了
行动的主体是"我们"，同时还明确了思考的范围是"现
在必须努力的事"。

通过这样的提问，可以避免出现大家的思考方向不
一样，聊不到一块去的现象。有时，提问还能促使大家
讨论平时不太关注的话题。

参会者互相交流自己的想法和感受很有意义，这种
交流能产生良好的相互作用，碰撞出新的构想，促进彼
此成长。

在第二人称提问中，构建问题组合十分重要，第三
人称提问也一样。大家一起交流时，首先用提问让大家
自由思考，互相交流各自不同的想法，最后再利用提问
让大家进行总结，这样就能使大家在交流中达成共识，
产生归属感，萌生主体意识，甚至还有可能改变相互之

135

间的人际关系。这种方式有助于组织或社区迈向一个新阶段。

随着全球化进程的发展，有很多研究表明，多样性会带来更丰硕的成果，而第三人称提问正是连接不同的人、创造新事物的核心。

为了适应21世纪的发展，学校教科书的内容不断被更新，学校更加重视互动学习这种新的学习形式。我们也希望在需要学习者互动的情况下，第三人称提问能很好地发挥作用。

可能你已经注意到了，第三人称提问其实是由第一人称提问和第二人称提问进一步发展而来的。有了前面练习的积累，相信大家一定可以轻松掌握第三人称提问。接下来一起来发挥之前培养起来的提问力，挑战第三人称提问吧。

本章将介绍会议和自主学习型课堂中会用到的第三人称提问，而具体的实践，比如研讨会中构建问题组合的方式等内容我们会在第四章讲解。

第三人称提问的问题创建

第三人称提问主要可以分成三种。

第一种是最有代表性的"整体型提问"，也就是让参与者或学习者共同思考的问题，例如会议的主题或议题。有时仅靠主题就能很好地总结大家的思考，而有时加入更丰富的内容将思考和讨论分成几个阶段，效果才会更理想。这时就需要使用第二种"拆分型提问"了，例如会议的议程或进行方式。

从构建问题组合的角度来看，有这两种提问已经足够了，但是如果想要再进一步促进大家交流讨论的话，还需要适当补充问题、整理大家的意见、明确讨论的方向。这时就需要使用第三种"干预型提问"了。当感觉会议中发言的观点偏离了主题时就可以提出干预型问题，例如"目前还没有人站在客户的角度上谈论这个话题，如果站在客户的角度，可能会有哪些问题呢?"等。

干预型问题是基于前面出现过的信息和想法提出的，所以也能用到第二人称提问练习中学到的方法。举几个简单的例子。

会议中大家一起考虑"针对现在出现的故障，我们应该最先解决什么问题"，这属于整体型提问。而对于"明年部门的目标要怎么分配"这一整体型提问，把议题分成几个部分更便于讨论。例如"今年发展得很快，明年应该重点关注的市场是哪里？""我们公司的方案和每个成员的优势分别是什么？"等。像这样进行分阶段提问，能有效推进会议。

再举几个课堂教学、自主学习、问题式学习①（PBL，Problem Based Learning）的例子。

如果整体型提问是"投骰子出现1的概率是六分之一吗？"这种简单的问题，那就不需要其他提问了。但是，当整体型提问是"我们可以采取什么具体行动来应

---

① 问题式学习：以问题为导向，以学生为中心的教学方法。与传统的以学科为基础的教学法不同，问题式学习更强调学生的主动学习。——译者注

对全球气候变暖"时，如果不先考虑"全球气候变暖的原因是什么"或者"全球气候变暖的影响是什么"，就很难回答上面的问题。

这种为了解决整体型提问，把思考和讨论划分成几个阶段的提问就是拆分型提问。

判断是否需要拆分型提问时，可以先向自己提出第一人称问题："仅靠整体型提问大家是否能做出回答（顺利思考）呢？"像这样对自己提出的问题时常保持质疑十分重要。

不只是整体型提问，对自己想出的每一个提问都必须考虑大家是否能顺利回答或思考。如果很多人都觉得难以作答或不知道如何思考，那就得考虑是否需要进一步拆分提问。

本章会先练习会议中的整体型提问、拆分型提问、干预型提问。然后练习教学中的整体型提问。教学过程中，既存在难以预料的、富有创造性的回答和行动，也存在提问者期待的回答和行动，我们把引出前者的提问叫作"中心性提问"，把引出后者的提问叫作"目标性提问"。

我们先练习中心性提问，这类提问和调查研究中用到的第一人称提问本质一样，但由于是向很多人提出问题，因此需要考虑提问是否能给对方提供更丰富的学习内容。具体来说就是要从中心性提问中派生出拆分型提问，给对方提供更丰富的学习内容。

　　另外，当有了一个目标性提问后，拆分型提问就是通往目的地的路标。在教学中，学习者的积极性很重要。拆分型提问可以调动学习者的积极性，促进学习者思考，使他们朝着自己的目标前进。

　　在根据框架练习构建问题组合的部分里，将为大家介绍新型服务、"世界咖啡馆"换桌论坛和焦点讨论法等常用于商业和学习场合的框架，并讲解如何根据具体情况创建具体问题。

第三人称提问的问题创建

会议

❶ 作为会议主题和议题
的整体型提问

❷ 作为会议的议程和进
行方式的拆分型提问

课堂教学等

❶ 中心性提问

❷ 目标性提问

ICE学习法①

思维模型

❸ 用拆分型提问导入

积极性

❹ 拆分型提问可以引导学习
者达到目标

导入

终点

---

① ICE学习法：把某一领域从入门到精通的学习过程分为思考（Ideas）、
联系（Connections）、应用（Extensions）三个阶段。——译者注

创建会议中的整体型提问

会议的主题或议题一般如何表达？

- 关于活动的参与者情况。
- 关于新人的录用。
- 网站更新的进展。
- 今后的日程和分工。

会议的主题大多都是上述"关于××"或者名词的形式。

据日本民间智库PERSOL综合研究所的《长时间劳动的相关情况调查》得知，约有四分之一的日本人认为开会没有用。但很少有人能意识到，开会没有用的一大原因就是议题一般用上述形式表达。议题中说明了讨论的内容，却没有说明会议最后要做出什么决定。

调查还分析，很多人觉得开会没有用是因为开完会还是什么决定都没有做出，所以如果没有说明要在会议上做出什么决定，人们就很可能觉得这个会议没有用。那么如何在主题或议题中明确会议最后要做出什么决定呢？

日本作家山田Zoonie曾在著作《如何写文章：传达和动摇》中指出，写下来的东西就是要思考的东西，并提倡用提问的形式表达会议的主题和议程。

这部著作是指导文章写作的，书中用到提问的是会议记录的部分，但是比起开完会再写，还是一开始就提出问题，点明"要思考的东西""要讨论的东西""要决定的东西"，才不会让人摸不着头脑。

例如"关于活动的参与者情况"，考虑议题的目的和目标，改成提问形式的话就变成了"为了增加活动的参与者数今后应该怎么做?"，而"关于新人的录用"也可以改成"应届毕业生收到录用通知后却不来入职的原因是什么?"。用提问表述的议题能让交流讨论的范围更明确。

提问会促使人给出回答。用提问表示议题，参会者会下意识地想回答这个问题，思考"为什么"。

如果觉得在会议通知中以问题的形式表示主题或议程有点奇怪，那么可以在会议开始时先说一句："今天我们要讨论的问题是应届毕业生收到录用通知后却不来入职的原因是什么。"就会有很大不同。如果有白板之类的东西的话，把问题写在白板上则效果更好。

/ **练习3-1：你能提出什么样的问题？** /

○ 练习目标：

用提问表示会议的主题或议题，让会议的效果更好。

○ 练习方法：

考虑目的和目标，将下表左栏中的表达（关于××、名词）改成提问形式（可以补充内容）。

会议的主题和议题	改成提问形式
关于销售业绩	
营造让员工畅所欲言的公司环境的方法	
公司内部交流的现状和问题	
团队领导的选任	

用提问的形式表示会议的进行方式或议程

上一节我们练习了如何用提问的形式表达会议的主题或议题，明确会议的目的和讨论方向。接下来我们将其带入拆分型提问。

例如，公寓的自治委员会①要开会讨论今后的大规模修缮工作，这里的整体型提问是"在今后的大规模修缮工作中，要优先确保基础设施建设还是优先进行建筑外观修复?"。

但是，一开始就讨论优先进行哪一项工作是讨论不出结果的，为了让会议顺利进行，需要提出议程的拆分型提问，指明通向结论的道路。

首先要提供相关信息，询问参会者目前的状况，所以第一个拆分型提问可以是"这幢35年前建的公寓哪些地方有了什么程度的老化?"等。这个提问点明了接下

---

① 自治委员会：基层群众性自治组织。——译者注

145

来要说的是什么方面的信息。

第二个拆分型提问可以询问参会者的意见，例如"对于公寓的基础设施和建筑外观，大家有哪些觉得不方便或不满意的地方？"等。

接着再补充信息说明维护基础设施建设和修复建筑外观的一般费用是多少，所以第三个提问可以是"维护基础设施建设和修复建筑外观需要花多少钱？"。

总结一下就是，对于"在今后的大规模修缮工作中，要优先确保基础设施建设还是优先进行建筑外观修复？"这一整体型提问，提出"这幢35年前建的公寓哪些地方有了什么程度的老化？""对于公寓的基础设施和建筑外观，大家有哪些觉得不方便或不满意的地方？""维护基础设施建设和修复建筑外观需要花多少钱？"这几个拆分型提问。

如果会议的主题是"关于今后的大规模修缮工作"，那么会议可能会在没有说明进行方式的情况下，组织者针对35年前建的公寓的老化程度，向大家展示普通数据。

这样一来，参会者就不知道自己参加会议的意义。

会议是仅说明今后大规模修缮工作的日程和内容，还是讨论在维护基础设施建设和进行建筑外观修复中优先哪一个，抑或是针对是否需要提高物业费为10年后的大规模修缮做充分准备这一点征求大家的意见，完全不得而知。

在用提问引出主题或议题后，让我们再来练习如何拆分议题，用提问的形式表达会议的进行方式或议程吧。

/ **练习3-2：你能提出什么样的问题？** /

❖ 练习目标：

用提问表示会议的议程，让会议进行得更顺利。

☀ 练习方法：

根据下表左栏中的"主题"，提出"整体型提问"和"拆分型提问"。

主题	整体型提问	拆分型提问1	拆分型提问2
例：公寓的大规模修缮工作	例：在今后的大规模修缮工作中，要优先维护基础设施建设还是优先进行建筑外观修复？	例：这幢35年前建的公寓哪些地方有了什么程度的老化？	例：对于公寓的基础设施和建筑外观，大家有哪些觉得不方便或不满意的地方？
例：（本年度仅剩两个月时）销售部的内部会议	例：为了在最后两个月达成目标，我们接下来应该做哪些努力？		
校园文化节中班级活动的方案			

三种干预会议的方法

即使明确了会议的主题，也说明了进行方式，还是有人完全不管这些，只想把自己的想法一吐为快。

如果会议偏离了主题，就需要有人把话题拉回来。而且如果需要大家在会议上做出判断或达成共识，但产生了完全对立的意见的话，会议将永远结束不了。这时就需要整理大家的意见，聚焦论点，推动会议的进行。

另外，还要关注没有发言的参会者。如果没有发言的人最后能欣然接受大家得出的结论，那没什么问题，但还有一种情况，那就是有的人既不主动发言，也不接受大家讨论的结果，还不愿承担分配给自己的任务。好不容易在会议上得出了结论，却有人提出反对意见，把结论推翻，那么大家开会耗费的时间全都没有意义了。

会议中的干预型提问主要有以下三种。

- 整理论点的提问。
- 征询意见的提问。
- 将话题拉回来的提问。

可能有人觉得整理论点很难。请大家回忆一下前文中讲过的"提问可以明确思考的范围"，也就是说，针对一个领域的提问可以引出一个想法。

假设在销售总结会上讨论"为了在剩下的两个月里达成业绩目标，接下来应该怎么做?"时，出现了两种想法，一种是"应该拜访目前还没有接触过的客户"，另一种是"应该重点推荐某几项服务，推出促销活动"。

那么如何提问才能引出"应该拜访目前还没有接触过的客户"这一回答呢? 因为这是跟客户相关的话题，所以对应的提问应该是"应该拜访什么样的客户呢?"，而"应该重点推荐某几项服务，推出促销活动"，就是针对提问"应该怎样促销?"的回答。

得出了"应该拜访目前还没有接触过的客户"和"应该重点推荐某几项服务，推出促销活动"这两种观点后，便可以从中整理论点。

　　由于这两种观点的方向不同，所以没有出现意见对立的情况。

　　像这样思考每个意见是针对什么提问做出的回答，并向所有参会者提出这些问题，之后自然就能整理出论点了。

　　关于第二类"征询意见的提问"。一般情况下很多人可能会这样问："有人有意见吗？"或者"有什么意见吗？"还可能会说："××，你觉得怎么样？"

　　前面的提问乍一看好像是使用5W1H中的"谁"或者"什么"提出的，但问的是"有没有意见"，所以实际上是用"是或否"回答的问题，而且大多数情况下被提问者的回答都是"没有"。

　　而"你觉得怎么样？"这一提问则过于省略，让人不知道应该回答什么。那么怎么把它变成容易回答（容易说出自己的意见）的提问呢？

　　大家回想一下第二人称提问中练习过的"提出不会产生歧义的问题"。那么如何让这个提问变得更明确呢？

　　我们可以和整理论点时一样，对已经出现的意见进行提问，比如"某某刚才说××，那么从△△的观点来看，你是怎么想的?"

还是销售总结会的例子，我们可以问："某某刚才说应该拜访目前还没有接触过的客户，那么对于应该拜访什么样的客户这一点，你是怎么想的?"像这样明确了观点后，被提问者就知道该从哪方面回答了。

讨论偏离正题的时候，也可以用这种提问明确观点。

如果只是用提问表示议程并写在白板上，那么只需要开会的时候读出来就可以了。但面对参会者时，千万不要忘了向对方表达感谢之意，可以说一句"十分感谢你刚才提出了这一宝贵的意见"。然后继续问："不过话说回来，关于△△提出的这一点你怎么看?"把话题拉回来。

只有认真倾听别人说的话，才能提出有效果的干预型问题。如果没有人认真听自己提的意见，参会者就会对会议抱有消极的态度，不愿意认真考虑、回答后续的问题了。

教学中的整体型提问

下面我们来谈一谈课堂教学、自主学习、问题式学习或者企业研修中的第三人称提问。

在上一节中提到的会议上，整体型提问一定存在一个最终目标，例如只要最终做出决定就能达到开会的目的。

这就像课堂教学、自主学习或者企业研修中，有一个需要大家理解的内容，例如"什么是××?"，那么最终大家理解了这个内容就达到教学目的了。

或者需要让大家在课程的最后制订今后的行动计划和行动宣言。这类提问就是整体型提问中的目标性提问。

提问者期待被提问者给出特定的回答或做出特定的行动，如果被提问者最终输出了这个答案，那么目标就算达成了。和会议一样，课堂教学和研修的时间也有限，提问者肯定希望能高效达成目标。

而"怎样才能达成最终目标呢?"这个问题的答案就是这种情况下拆分型提问的提问方法。就像乘坐新干线从东京到大阪,要先后经过静冈、名古屋、京都,才能到大阪一样。

为了让对方更好地回答,目标性提问需要精准。

"怎样才能防止全球气候变暖?"这个问题太笼统了,连主语都没有明确,被提问者只能自己随意定义。这样相当于把"谁"和"怎么做"这两个提问一股脑丢给了对方,让对方自己理解。

这种提问得到的答案可能是"签署全球合作的协定",还有可能是"对于塑料垃圾,政府不应简单地焚烧,应该尽可能地回收利用"。

这些回答听起来事不关己,和学校或企业研修的最终目的相去甚远。

如果换一种提问方式,例如"为了防止全球气候变暖,从现在起,有哪些你能做的小事呢?"。

明确了行动的主体是"你",时间是"从现在起",还补充了要做的是"小事",这样对方就能联想到具体的行动了。

在问题式学习或者大学的研讨会中，探究性的整体型提问虽然最终也需要得出结论，但并不是很重视效率，反而需要花时间查阅大量文献、进行实地考察，在这个过程中出现的新问题、途中的见闻，会使得出的结论更加丰富多彩。

如果说有明确目标的问题像飞机或新干线一样，路线一般是固定的，那么探究性问题就像没有固定路线的自驾游。不过最终还是有一个需要到达的目的地，不能偏离大方向。

我们把这种虽然有一个大致的方向，但更重视过程的整体型提问叫作"中心性提问"。在问题式学习盛行的美国，这种提问又被称作"驱动性问题"（Driving Question）。

中心性提问会引发各种学习活动。因此，这种情况下的拆分型提问最好从中心性提问中衍生，提供观点和建议。

就像去伊势神宫①参观。从江户出发，东瞧瞧西逛

---

① 伊势神宫：日本神社的代表性建筑。——译者注

逛，一会想去看一看富士山，一会又想去滨名湖吃鳗鱼，还想去尾张①参观名古屋城……

"有效防止全球气候变暖的举措有哪些?"这是一个很有探究价值的问题，但如果这样提问，那么大家可能只会整理查到的资料。

如果是"怎样才能让防止全球气候变暖的举措更加有效?"就变成了一个面向未来的提问，那么学习者在学习过程中就会去查询"有效的举措和没有效果的举措都有哪些""这些举措实施过程中有哪些障碍""出现这种情况的原因是什么"等。

那么在不同的学习活动中提出整体型提问时，我们应该选择目标性提问还是中心性提问呢？这要看提问者是只想让对方给出明确的答案或做出行动，还是期待对方能完成出乎意料的学习活动。

对于目标性提问来说，学习者最终的输出结果就是学习目标，所以便于推进和管理。而中心性提问是富有探究性和创造性的，需要的不是外部管理的干预，而是

---

① 尾张：在日本爱知县西部，濒临伊势湾。——译者注

自主管理，这样学习过程才会更充实。在这个过程中，学习者的准备和提问者的信赖十分重要。

　　但是经常会出现这样的问题。提问者表明了希望学习者自主学习，可当学习者开始进行富有创造性的学习活动后，提问者又基于自己的判断，以"没有相关的先行研究""这个研究课题属于别的学科"等理由对学习活动进行干预。

　　如果双方没有做好充分的准备，那么可以尝试从目标性提问入手，先把学习者的最终输出当作学习目标，再逐渐加入以探究为目的的中心性提问。

	目的和目标	关键点
目标性提问	课堂或研修中最终输出答案	尽可能精确地引出答案
中心性提问	问题式学习或研讨会中引发各种学习活动	尽可能多地衍生出拆分型提问

创建作为思考工具的中心性提问

　　中心性提问的目的是让学习者进行各种学习活动，因此从中衍生出的拆分型提问最好也能为学习者提供一些想法或启发。这也正是提问力这一思考工具发挥作用的时候。

　　那么怎样创建中心性提问呢?

　　美国最早开始问题式学习研究的团体巴克教育研究院（PBL Works）提出，中心性提问就是在驱动性问题的基础上加上以下三点。

　　• 学习者能理解提问、产生兴趣，并从中衍生出新的提问。

　　• 开放式（无法在网络中简单搜索到）。

　　• 和学习目标紧密相连。

　　可以先从非开放式提问（能在网络中简单搜索到）

入手，然后再试着创建开放式中心性提问，让学习者能理解提问、产生兴趣，并从中衍生出新的提问。

假设主题是"城市的防灾地图"。实际上很多地区都在用问题式学习的形式探讨"城市防灾地图的制作"。

首先用提问来表示"城市防灾地图的制作"，即"城市防灾地图上都标注了什么？"。要回答这个问题，只需在市政官方网站中查询并下载，就可以在此基础上创建提问。

这里的关键点是"和学习目标紧密相连"。如果学习目标和社会学相关，那提的问题就是"这个区域住着什么样的人？""这个地方的公共设施的风险管理怎么样？"这一类的。如果与理科相关，那提问的大致方向应该是在气候、地理、建筑等专业知识的基础上，考虑如何防灾减灾。

第一种情况需要明确主语或主题，例如"怎样制作防灾地图才能考虑到每一个人？"。第二种情况需要运用时间轴，比如"什么样的防灾地图100年后也能使用？"。

我们可以验证一下，由这个中心性提问衍生出来的拆分型提问可能会有哪些。

第一种情况可能有"这个区域住着什么样的人?""发生灾难时,他们会面临什么问题?""为解决这些问题政府做了哪些准备工作?"等。

第二种情况可能会有"在过去的100年里,都发生过什么类型的灾难?""这些灾难发生的原因是什么?""目前已经做了哪些防灾的准备?"等。

最后还要注意措辞的细节,对于创建中心性问题来说,遵循这个思考过程是一个很好的方法。

/ 练习3-3:你能提出什么样的问题? /

◇ 练习目标:

创建中心性提问,使从中衍生出来的拆分型提问能为学习者提供一些想法或启发。

♀ 练习方法:

考虑学习的目标,将"非开放式中心性提问"变成"开放式中心性提问"。再检验从中可以衍生出哪些拆分型提问。

非开放式中心性提问	开放式中心性提问	从中可以衍生出来的拆分型提问
例：城市防灾地图上都标注了什么？	例：怎样制作防灾地图才能考虑到每一个人？	例：这个区域住着什么样的人？发生灾难时，他们会面临什么问题？为解决这些问题政府做了哪些准备工作？

根据学习目标或评价等级创建目标性提问

　　随着教学设计的概念在学校和企业中普及，人们越来越认识到，学习目标和评价结果是密不可分的。

　　进入21世纪后，加拿大女王大学一直在探索"什么样的教学大纲和评价体系能让只想完成学分的学生真正投入到学习中"，他们采用了ICE学习法。

　　ICE学习法把某一领域从入门到精通的学习过程分为思考（Ideas）、联系（Connections）、应用（Extensions）三个阶段，在学习的初期、中期、后期分别从这三个层面进行评价。

　　具体来说，思考是"能回想起学过的东西"。联系是"能联系自己以前就知道的知识或经验进行讲解"。应用是"能够回答自己能运用新学的东西做什么"。

　　我们来思考一下如何用提问评估是否已达到每个阶段的学习目标。

例如，如果主题是性别平等，那么"你认为在什么样的社会背景下，大家会更加追求性别平等？"，这种提问属于思考层面。"你身边有哪些违背性别平等的问题？"，这种属于联系层面。而"为实现世界范围内的性别平等，我们能做些什么？"就属于应用层面了。

在日本，为了更好地模拟重点学校的入学考试，也有一个用来衡量问题水平和类型的思维模型。

思维模型原本是一个横向×纵向的表格，这里为了方便大家理解，用线性的方式表示。

按照"知识和理解×简单""应用和逻辑×复杂""批判和创造×演变"的顺序，所需的思考能力也逐级升高。

"知识和理解×简单"层面的问题只要求学习者能原原本本地复述出课上讲的或者课本上的内容，而在考试中有时还需要进行适当的总结。

"应用和逻辑×复杂"层面的问题需要对题目中的信息进行分析，在理解原理的基础上和其他内容对比，或说明如何运用。例如，如果主题是人口老龄化，那么回答"老龄化社会对日本有哪些不利影响？"这个问题只需要查询教科书、参考资料或互联网，把查到的信息简洁地总结出来就可以了。

如果题目给出一些目前人口增长率较高的国家的数据，问"你认为这些国家未来会出现人口老龄化的问题吗？"，那就需要在了解老龄化问题较深的国家的人口增长率的基础上，对照人口增长率较高的国家的情况进行思考分析。

如果问题是"目前普遍认为老龄化是一个社会问题，所以政府出台了各种政策以解决这个问题。但如果我们假设老龄化社会是一个理想状态，那么你会采取什么政策达到这个状态呢？"，回答这个问题就需要有批判性、创造性的思维。

虽然思维模型最初是针对模拟考试而提出的，但对教学活动也很有帮助，思考"为了回答各种类型的问题，需要进行什么样的学习"能更加明确学习的目标，并根据目标改变学习活动。

练习3-4：你能提出什么样的问题？

练习目标：

根据不同层次的学习目标创建提问。

练习方法：

围绕下面两个表左栏的"主题"，针对不同层次的学习
目标，提出目标性提问。

ICE学习法

主题	思考	联系	应用
例：性别平等	例：你认为在什么样的社会背景下，大家会更加追求性别平等？	例：你身边有哪些违背性别平等的问题？	例：为实现世界范围内的性别平等，我们能做些什么？

思维模型

主题	知识和理解×简单	应用和逻辑×复杂	批判和创造×演变
例：老龄化社会	例：老龄化社会对日本有哪些不利影响？	例：（给出一些目前人口增长率较高的国家的数据）你认为这些国家未来会出现人口老龄化的社会问题吗？	例：目前普遍认为老龄化是一个社会问题，所以政府出台了各种政策以解决这个问题。但如果我们假设老龄化社会是一个理想状态，那么你会采取什么政策达到这个状态呢？

怎样引导学习者说出心中的答案

在提问方法相关的讲座上，笔者经常听到有人问："因为答案在每个学习者的心中，所以是不是应该把主动权交给他们？"或者"如果我们过多地关注提问，不就不能发挥学习者的自主性了吗？"

可以想象一下，讨论职业生涯的时候，如果只问"你想成为什么样的人"的话，效果怎么样呢？已经有了明确目标的人可能会说："10年后，我想成为××。为了实现这一目标，我目前正在准备资格考试。"但也有人不知道怎么回答。

在这种情况下"你想成为什么样的人？"这个问题真的能帮助对方用语言表达心中一些模糊的答案吗？对于不知道该怎么回答的人来说，这种提问方式可能无法引导他们说出心中的答案。

当然，如果提问的目的是让对方意识到原来自己还没有明确的目标，或者是让对方意识到自己不擅长用语言表达心中的想法，那么这个提问就是有效的。

但是，如果提问的目的是让对方认真思考自己想成为什么样的人，然后明确地表达出来，那么这个提问就没有达到目标，是没有效果的。

这种提问方法看起来是把思考范围完全交给学习者判断了，主动权在对方，但实际上这只是一个掩饰提问者的提问力不佳的借口。

那么，我们应该如何引导学习者说出他们心中的答案呢？可以整理信息，缩小思考的范围，考虑不同的观点，有时还需要拓宽视角，关注矛盾和困境并指导对方通过行动解决问题。而这个过程就需要合适的拆分型提问。

这里设置的提问并不是要剥夺学习者的主动权，而是辅助、支持、促进他们进一步思考。

一开始就要求一个人发现身边各种事物，并朝着自己理想的方向努力，这就好比把一个不会游泳的人扔到大海中央，根本无法发挥他的主动性。但是按照"先做准备运动""穿上救生衣在浅水区练习"的步骤来，对方就能产生安全感，主动尝试去深海游泳。

既想要重视主动性，又希望能引导学习者说出心中的答案，这就需要更高水平的提问力了。

拆分目标性提问

中心性提问鼓励学习者积极探索、发散思维，通过更多的拆分型提问进行丰富的学习活动。而目标性提问可以提供合适的拆分型提问，帮助学习者不走弯路，直达终点。

需要重点考虑的有以下三点。

（1）目标性提问可以拆分吗？

（2）如果可以拆分，那要拆分出多少个提问呢？

（3）要拆分成什么样的提问呢？

回答第一个问题要先确认仅凭整体型提问，学习者是否能够回答。

我们要时刻自省，想一想自己提出的问题是否容易回答。

尤其是第三人称提问是向很多人同时提出问题，所以被提问者的团体中可能会出现因无法理解提问意图而跟不上大家思路的"掉队者"。而且和第二人称提问不同，提问者往往很难注意到这种"掉队者"。

不只是目标性提问，自己提出的所有问题都应该事先审视，如果有自己没有把握的部分，就要想办法弥补。

关于提问在研讨会上的应用方法，将在第四章中讲解，本章先讲解拆分型提问中用于引入话题的"引起兴趣的提问"，还有引导学习者逐步走向目标的"作为落脚点的提问"。

假设在高中的职业规划课上向学生提问："进入社会以后，你想从事什么工作？"若被提问的高中生对"进入社会"没有什么概念，觉得离自己很遥远，那么这个提问的效果就不会很好。所以首先要让学生对"进入社会"这一话题感兴趣，这时就需要用"引起兴趣的提问"来引入话题。

此外在畅想未来之前，可以先把时间轴拉回当下，思考"现在有什么让自己感到兴奋的事""自己的强项是什么"等，然后再延长时间轴，这能让学生更容易想象出"进入社会"后的情况。作为落脚点的提问就可以很好地辅助学习者进行阶段性的思考。

我们先来看用于引入话题的引起兴趣的提问。

引起学习者兴趣的提问

引入话题时运用拆分型提问主要是为了激发学习者的兴趣。20世纪80年代，有关动机的研究开始盛行，兴趣作为动机产生及持续的根源，自21世纪以来，其重要性通过各种数据得到证实。专家提出，兴趣又分为情境兴趣和个体兴趣，而个体兴趣是个体长时间地从事某项活动的动机来源，因此可以带来理想的成果和事业的成功。

虽然如今个体兴趣备受关注，但在日本的教学活动中，激发学习者兴趣的意识还相对薄弱。主要原因之一就是从事高等教育教学工作的老师或指导者多为相关领域的专家，因为他们对这一领域有着浓厚的兴趣，所以难以想象（难以相信）竟然有人对此不感兴趣。

诚然，每一个专业领域都是很有趣并值得深入研究的，但对于初学者来说，才刚刚推开一个领域的大门，还没有涉足门内的世界。

那么怎样才能引起初学者的兴趣呢？

在教学设计的相关研究中，经常会提到约翰·M.凯勒（John M Keller）的ARCS模型。

ARCS是由调动学习动机的四要素注意（Attention）、关联（Relevance）、信心（Confidence）和满意（Satisfaction）这四个英文单词的首字母组成。

注意指的是让学习者好奇"这是什么"。如果学习者产生"这个话题和自己有关，我要好好听一听"的想法，那就到达了关联的层面，可以说是成功引起了学习者的兴趣。

信心和满意将在之后进行讲解，这里先重点关注注意和关联，尝试提出能激发学习者兴趣的问题。

关于注意，最典型的提问方法就是"你知道（见过）××吗?"，这种情况下不需要对方具备与问题相关的知识，只要引起对方的兴趣，让对方好奇"这是什么"，目的就达到了。当然，如果对方本来就对这个话题有一定了解的话就更好了。

还可以使用更别出心裁的方法，例如运用数字提问："你知道49%①这个数字代表着什么吗?"

到了关联这一步，要让对方认识到"话题内容与自己相关联"，例如提问："你长大以后，愿意为自己热爱的事业花很多时间吗?"

如果对方回答"应该会愿意吧"，那就可以进一步提出纵向提问，例如"你会愿意为了什么事花很多时间?"，从而强化关联性。

---

① 有人预测未来15年，目前的职业种类中将有49%消失。——原书注

虽然和我们这里提到的第三人称提问不太一样，但很多线上营销节目都会在节目一开始有意识地强化这里说的注意和关联这两个要素。

例如，销售治疗膝关节疼痛的营养品的节目，不会在节目一开始就介绍营养品的成分，而是询问观众："在这些情况下，你是否会感到膝盖疼痛？"让观众回忆自己膝盖疼痛时的场景，或者询问观众："你会不会觉得每天戴护膝很麻烦？"让观众觉得自己确实有这种情况。这种导入方式能让观众自然而然地对接下来介绍的营养品产生兴趣。

练习3-5：你能提出什么样的问题？

练习目标：

在课程或研修时，通过引入话题引起学习者的兴趣。

练习方法：

围绕下表左栏的"主题"，分别提出和"注意""关联"相关的提问。

主题	注意相关的提问	关联相关的提问
例：（高中的）职业规划课	例：你知道49%这个数字代表着什么吗？	例：你长大以后，愿意为自己热爱的事业花很多时间吗？

作为落脚点的提问

如果一个目标性提问很难回答，那么我们可以在中间设置发挥过渡作用的作为落脚点的提问，帮助学习者一步步思考。

同样，这种情况也需要事先提一个第一人称问题，确认学习者是否能轻松地给出回答。与兴趣一样，专门从事教学工作的人需要注意，有时候自己很难察觉"有人做不到"这件事。

自20世纪70年代以来，研究一个人应该如何掌握一项技能时，经常用到落脚点这个词。特别是在手工艺等领域，和学校里传统的学习方法相反，研究对象一般是从入门到掌握技能的过程。

这里就需要用到ARCS模型中剩下的信心和满意这两个要素来进行提问了。

信心指的是对未知领域充满信心，觉得自己能做到。而满意指的是成就感，认为试着做了以后感觉很好。

所以，提问应该让学习者觉得自己有能力回答，而不是让他们觉得还需要付出更多努力才能达到目标，而且要让他们在之后的讨论中愿意与他人分享自己的想法。

那么作为落脚点的提问就应该是"学习者心中已经有答案的问题或可以轻松回答的问题"或者"只要根据事先给出的信息稍加思考和回忆，就可以快速回答的问题"。

例如，在高中的职业规划课中，向学生提问："你现在最喜欢做的事情是什么？"对方可以很快给出回答，那么继续进行纵向提问："你具体喜欢这件事的哪一点？"这个问题可以帮助对方进一步认识自己的感情和价值观。

另外，被问到"你认为自己擅长做什么？"时，人们可能难以用语言表达出来，或者还没有意识到自己的长处。这时，除了提问，还需要一个作为参考的落脚点，比如提供一份技能分类表。

为了让对方更愿意说出自己的想法，提出的问题最好能让大家各抒己见，且没有唯一的正确答案。这样一来，即使是那些不善于表达自己想法的人，也会愿意加入讨论。

综上，作为落脚点的提问就是在目标性提问之前，让学习者更容易回答、更愿意回答的问题。这个时候你的大脑里可能又会被"想要提出好问题"的想法占据，那么为了让提问发挥预期的效果，试着提出一些简单的、容易回答的问题吧。

练习3-6：你能提出什么样的问题？

练习目标：

用目标性提问引导学习者。

练习方法：

围绕下表左栏的"主题"，分别提出和"信心""满意"相关的提问。

主题	信心相关的提问	满意相关的提问
例:（高中的）职业规划课	例：你现在最喜欢做的事情是什么？	例:（提供一份技能分类表）你认为自己擅长做什么？

大家发言不积极或气氛不热烈的原因

上文中详细讲解了教学中的整体型提问和拆分型提问，接下来将整体讲解第三人称提问。

不知你是否曾有这样的感受：在会议、课堂或研讨会上，即使你提出问题，大家也不会积极提出意见或想法，或者有人提出自己的见解，其他人也只是表示赞同，谈话的气氛一直不够热烈。

出现这种情况主要是因为在以下三点中，有一点或两点以上存在不足。

- 安全感和动力。
- 知识（信息或资源）。
- 技能。

在第二人称提问中讲过，对话质量和自我表露是有层次的，在感觉到自我表露会产生风险的时候，人们会避免谈论深层次的话题。

一对一谈话尚且存在这种问题，那就不难想象，像第三人称提问这种很多人一起交流的情况下，人们更容易感觉到自我表露的风险，更有可能缄默不言。因此，为了使人们更容易表达信息、想法和感受，需要给他们足够的安全感。

这又被称为破冰。在会议、课堂、研讨会上，可以让大家互相进行自我介绍，或者提供一些基本的保障，如承诺这里所说的话不会对发言者产生不良影响。

重点是要给对方一种可以自我表露的安全感。

例如在研讨会中，经常出现过分强调不寻常的乐趣反而让对方感到不安的情况。这时需要重新审视破冰的目的是什么，否则就会适得其反。

如果想调动别人的积极性，那么激发对方的动力也很重要。例如可以讲述参与讨论的好处，并将讨论的内容与参会者或学习者关心的事联系起来，引起他们的兴趣。

那么是不是有了安全感和动力就足够了呢？当对方不知道、忘记或尚未意识到问题的答案时，即使他们想回答也无从作答。

如果对方不具备相关的知识，那就需要事先向他们灌输知识，例如进行讲解、放一段视频或要求他们事先查找资料。如果对方具备相关知识但忘记了，那么就通过讨论等形式唤醒他们的记忆。引导对方回想自己掌握或可以熟练运用哪些知识也很有用。

当然，不愿参与谈话还有可能是因为缺乏讨论能力等相关技能。如果对方已经习惯了被提问后马上思考并阐述自己的意见，那么提问时可以从一些具有挑战性的问题入手，如"为什么？""应该怎么做？"，但如果对方不习惯这种提问，就需要尽量从容易回答的问题开始，如封闭性提问。

即使用心进行了准备，还是有可能出现大家发言不积极或气氛不热烈的情况。这时需要冷静地分析这三个原因中的哪一个出了问题。找到问题后就可以当场进行适当的干预，并在下一次提问时改进。

提供示例进行干预

在讨论中，我们经常注意到提问并没有很好地发挥作用，具体表现有"大家都不说自己的意见和想法""气氛不够热烈，讨论很快就结束了"等。

出现这种情况后，我们首先要做的是当场进行干预，而反思可以之后再做。

首先，如果对方缺乏安全感，那就可以考虑在破冰上多花点时间，尽可能让每个人多提供一些信息，并且让他们愿意提供信息。可能有的人会觉得自己的想法没有什么意义，不值得说出来，这种情况我们可以通过后面介绍的方法解决。

如果对方的积极性不够，那就需要想办法让对方觉得参与讨论对自己有好处，例如提示对方"这次的讨论会纳入最终的成绩"。如果对方关心的事情是游戏、网红甜品或者就业，那就可以试着将话题与他们的兴趣联系起来。不过也要注意合理性，如果说"现在的游戏中会用到三角函数"就太牵强了。

　　如果对方想回答却无从作答，那就需要给对方提供更多的信息。这需要花费额外的时间，因此可以暂停讨论，提出"大家一起先复习一下"的建议。

　　如果对方觉得问题太难了，那就可以换一种说法，让提问更容易回答。但是如果觉得原本的提问方式就是最佳选择的话，那就很难找到更合适的表达。这种时候可以给对方提供回答的示例。例如对于"你最近觉得什么事情最有趣？"这个问题，回答的示例可以是"我最近经常在睡前看油管网（YouTube）的日常类视频。只是随便看看，就能转换这一天的心情"。举出具体的示例可以启发参与者和学习者，让他们明白这样回答就可以了。

　　这种示例需要具备两个要素。一个是"组成部分"，另一个是"随意（或严肃）的程度"。上面的例子就包括以下组成部分。

- 油管网：觉得有趣的事。
- 日常类视频：更详细的内容。

- 睡前：时间。
- 随便看看：自己的状态。
- 可以转换心情：觉得有趣的原因。

同时这个示例还告诉对方不用想得太复杂，像是"在睡前看看视频"这种简单、普通的回答就可以，这样对方就会更有安全感，更愿意表达自己的想法。

当然，最好是事先就想好干预措施。要做到这一点，需要收集和分析参与者和学习者的信息。

即使事先已经预想过各种情况，实际开始后也会出现突发状况，导致无法达到预期效果。不过，只有有了事先的预想和对实际情况的客观观察后，我们才能做出适当的干预。

希望大家努力提高提问力，不要在出现问题时抛出一个模糊的提问当作权宜之计，以模棱两可的状态结束讨论。

第三人称提问的应用

　　我们已经练习了很多第三人称提问了，那么在练习中锻炼的提问力可以在哪些场合发挥作用呢？

　　首先，在会议中，可以在有限的时间里做出必须做出的决定。如果你是主持会议的人，你可以把"议题（整体型提问）"和"会议进行方式（拆分型提问）"写到会议通知的邮件里，并在会议开始前写在白板上，使会议更加顺利地进行。这就不会出现参会者因为开会浪费了很多时间，还得不到任何收获的情况了。

　　即使你不是主持会议的人，也可以在会议开始的时候问："今天我们主要是讨论××（整体型提问），我的理解正确吗？"也可以把议题写在白板上，或者还可以自告奋勇地当会议记录员，这样就能顺其自然地使用白板，灵活运用拆分型提问和干预型提问了。

　　这种方法也可以在家长会和社区谈话中发挥作用。

　　现在你是不是已经掌握了有效帮助学习者达到目标

的方法了呢？不过这些方法实施的前提是必须有明确的学习目标。提问者需要事先想好自己希望对方在什么范围内进行思考。而在问题式学习等需要学习者通过亲身经验学习的情况下，提问也能将学习内容具象化。接下来我们将运用通用框架，在不同情况下锻炼提问力。即使有的情况离你的生活很远，也请发挥想象尝试一下。

应用3-1："世界咖啡馆"换桌论坛中的第三人称提问

"世界咖啡馆"是一种促进组织和团队内交流的模式，由华妮塔·布朗（Juanita Brown）和戴维·伊萨克（David Isaacs）提出。由于其具有简单高效的特点，这种模式已迅速在全世界流行。

一场"世界咖啡馆"换桌论坛有三个核心问题。与一般的会议不同，换桌论坛的会场中设有很多张桌子，每张桌子都有一个要讨论的问题，所有桌子上的讨论同时进行。每换一次桌子，参会者就会和不同的人讨论新的话题。

假设同属一个团队或社区的成员，一起讨论对该团队或社区的感受，谈话的主题是让团队或社区变得更好，让我们据此一起来想出三个相关的提问吧。"世界咖啡馆"模式没有明确应该提什么问题，但在这里，我们可以按照以下方向思考。

（1）谈论团队或社区中自己喜欢的地方。

（2）谈论团队或社区中自己不喜欢的地方。

（3）谈论为了让团队或社区变得更好可以采取的行动。

> 💡 练习方法：
>
> 下表中间一栏写着"直接的提问"，改变提问的措辞或对提问加以修饰，使之变成更容易回答的"促进思维的提问"。

框架	直接的提问	促进思维的提问
谈论团队或社区中自己喜欢的地方	有哪些地方是你喜欢的？	

续表

框架	直接的提问	促进思维的提问
谈论团队或社区中自己不喜欢的地方	有哪些地方是你不喜欢的？	
谈论为了让团队或社区变得更好可以采取的行动	怎么做才能让团队或社区变得更好？	

创建促进思维的提问要点：

（1）加入限定修饰能快速活跃气氛。

例 你最喜欢这个团队（社区）的哪一点？

（2）有的人不会轻易表达负面评价，可以加一些修饰，让人更容易回答。

例 硬要说的话，这个团队（社区）的哪一点让你不是很喜欢？

（3）只制订行动计划，却没有执行人，那么行动计划就是无效的。所以提问时要加上主语，并加入修饰，降低行动难度。

例 为了让团队或社区变得更好，你可以从身边的哪些小事做起？

应用3-2：用于开拓新型服务的第三人称提问

设定一个情景。对实习生或新员工进行培训时，让他们站在用户的角度对厂商提出建议。

试着设计一个可以在具体和抽象思维之间自由转换的落脚点，并在问题中加入一些变化因素，比如像下面这样。

（1）回想具体经历。

（2）将具体经历抽象化。

（3）（在否定前提的基础上）提出新的具体想法。

> 💡 练习方法：
>
> 下表中间一栏写着"直接的提问"，改变提问的措辞或者对提问加以修饰，使之变成更容易回答的"促进思维的提问"。

框架	直接的提问	促进思维的提问
回想具体经历	你一般在什么情况下使用××？	
将具体经历抽象化	××的哪些地方让你比较满意？	
提出新的具体想法	如果没有这些优点，××会是什么样的？	

创建促进思维的提问要点：

（1）用一些积极表达，推动话题向下一步发展。

例 你在什么时候会觉得××好用？

（2）单纯地提问细节部分不能算是化具体为抽象，可以尝试运用第二人称提问中的阶梯法。

例 用××会让你产生什么样的幸福感？

（3）在否定第2点的基础上，引导对方思考"××还有哪些其他的价值"。

例 没有了这些优点以后，你还会选择的××是什么样的？

应用3-3：用焦点讨论法进行第三人称提问，将经历与学习或今后的行动相结合

在教学中，焦点讨论法经常被用来引导学习者回顾学习活动。与PDCA循环［计划（Plan）、实施（Do）、检查（Check）、行动（Action）］和KPT方法①相比，焦

---

① KPT方法：由三个英文词组的首字母组成，分别是"今天的工作事务，或项目的正常描述"（Keep）、"今天所遇到的问题或目前依然存在的问题"（Problem）、"明天准备要尝试的解决方案"（Try）。——译者注

点讨论法侧重于关注对事件的反思等情感方面的因素，这也是焦点讨论法适用于研讨会的原因。

研讨会就好比学习手打荞麦面或陶器彩绘的过程，学习者不仅能体验一种制造工艺，还能获得共同创造的机会，留下难忘的回忆，并对所学知识进行反思，所以经常能用到焦点讨论法的框架。

假设经过了一段时间的学习后，需要让大家对学习内容进行回顾，这时可以进行什么样的提问呢？

> ♀ 练习方法：
>
> 下表中间一栏写着"直接的提问"，改变提问的措辞或者对提问加以修饰，使之变成更容易回答的"促进思维的提问"。

框架	直接的提问	促进思维的提问
O: 事实	发生了什么事？	
R: 感受	你当时有什么感受？	
I: 启示	你认为自己学到了什么？	
D: 接下来的行动	研讨会之后，你接下来想怎么做？	

创建促进思维的提问要点：

（1）修饰提问，让对方从一系列的经历中选出可以作为今后学习领域的一项。

例　让你印象最深的是什么事？

（2）询问这件事是由什么感情引起的，或者这件事给对方带来了什么感受。

例　这件事发生前和发生后，你的心情有什么变化？

（3）让对方明白要在学习过程中反复确认事实和感受。

例　回顾当时的心情，你认为自己学到了什么？

（4）将时间设置在离现在不远的将来。

例　今天的研讨会结束后，你马上想要做的是什么？

第三章 第三人称提问：
总结大家的思考

推动对话向新的阶段发展的第三人称提问

- 会议
- 课堂
- 说明会等

- 达成共识
- 产生归属感
- 萌生主体意识

组织或社区
迈向新的阶段

第三人称提问的问题创建

① 整体型提问

主题

② 拆分型提问

议程

③ 干预型提问

补充　推进
指明方向

会议的情况

① 用提问表示会议主题

主题
为了××
我们能做
什么？

提问会促使
人们给出回答

② 用提问表示会议议程
或进行方式

优先基础设
施建设还是
外观修复？

拆分型提问
老化情况？
不满意的地方？
要花多少费用？

③ 干预会议的三种方式

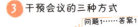
问题1……答案1
问题2……答案2
问题3……答案3

整理论点的提问

××，
你是怎么
想的？

征询意见的提问

将话题拉回轨道
的提问

表达
感谢
话说回来，
你觉得××
怎么样？

教学的情况

① 中心性提问和目标性提问

指明终点的提问

目标

观点

引发各种学习活动的提问

启发

② 作为思考工具的中心性提问

兴奋

城市防灾地图

紧张

● 学习者能理解提问、产生兴趣，并从中衍生出新的提问

● 开放式（无法在网络中简单搜索到）

● 和学习目标紧密相连

③ 目标性提问和学习目标或评价等级

ICE学习法

思考 ···· 联系 ···· 应用

我能做什么呢？

④ 怎样引导学习者说出心中的答案

起点

终点

根据设置好的时间轴评价是否达到了每一个目标

⑤ 拆分目标性提问

可以拆分吗？ 要拆分出多少个提问呢？ 要拆分成什么样的提问呢？

时常审视

自己提出的问题

ARCS模型

注意 关联 信心 满意

可以引起学习者兴趣的提问

好的！

可以作为落脚点的提问

大家发言不积极或气氛不热烈的原因

干预——注意到提问没有很好地发挥作用时

哪里存在不足呢？

安全感和动力 知识（信息或资源）技能

提供具体示例

比如……

事先的预想（收集分析信息）对实际情况的客观观察

第三人称提问的应用

● 组成部分

● 随意（或严肃）的程度

"世界咖啡馆"换桌论坛

1 谈论团队或社区中自己喜欢的地方

2 谈论团队或社区中自己不喜欢的地方

3 谈论为了让团队或社区变得更好可以采取的行动

开拓新型服务

1 回想具体经历

2 将具体经历抽象化

3 提出新的具体想法

用焦点讨论法将经历与学习或今后的行动相结合

1 确认事实

2 了解心情的变化

3 通过回顾引发思考

4 促进下一步行动

197

第四章

提问在研讨会中的
实践

基于本书内容的研讨会

    本章将重点讨论研讨会。在研讨会中，需要用到第三人称提问中的综合提问力，本章将从研讨会的目的和目标的设定、设计、回顾入手，介绍提问的方法，让你对研讨会有更深的认知。

    仅讲解研讨会是做什么的就可以写一本书了，所以在这里先简单概述本书中的研讨会是什么意思。

    研讨会对应的英语是"workshop"，也被译为"工作坊"。研讨会有500多年的历史。距今500多年前，在文艺复兴时期的意大利，绘画是一种职业，拉斐尔等知名艺术家收到的订单源源不断。为满足消费者的需求，他们召集自己的朋友和学生，分工完成作品，从而出现了旨在协作和培养新人的团体研讨会。

    如今，与最初研讨会的形式最接近的是同属艺术领域的戏剧，每个参演者负责诠释一个小的主题，而不是一部完整的作品。众多参演者聚在一起，共同呈现整个故事。参演戏剧本身就是对参演者的一种训练，甚至可以视为下一次舞台的试镜，因此，戏剧活动仍保留着拉斐尔时代的专业训练色彩。

对于从事艺术工作的人来说，这种训练是日常活动，但对欣赏艺术的人来说却并不寻常。因此，不从事这类工作的人进行类似的活动，就不是专业训练而是职业体验了。

这种职业体验性质的工作坊随处可见。例如，陶艺工作坊根据难易度，为顾客提供种类丰富的活动。有不到一小时就能完成的彩绘，也有从拉坯转盘开始的陶器制作。应该有不少人在这种工作坊中体验过。

基于研讨会的相关历史背景，本书中的研讨会指的是狭义上的研讨会。例如，将对学生和上班族来说很平常的教育和商务活动，与不太日常的手工制作、游戏、户外活动联系起来，应用到日常生活中。

在这种研讨会的定义中，比较著名的是日本最早开始研究这一领域的教育专家中野民夫的定义：不是单向传递知识的讲授形式，而是学习者主动参与、体验实现相互学习、共同创造的形式。

研究商业领域中研讨会的安斋勇树曾谈道："研讨会有四个要素，分别是不寻常的、民主的、公共的和实验性的。根据实践的领域和目的，每个部分所占的比重可能有所不同，但如果没有了这四点，就不能称之为研讨会。"

两位专家都表达了在教育和商业领域，研讨会最终都要回归到日常中去的意思。

一个最普通的研讨会就可以让人体验不太日常的事，并让这种不太日常的经历在教育或商业等日常生活中发挥作用。

这个过程可以用下图来示意。

那么教育和商业领域中的研讨会最难以把握的部分，就是日常生活和不太日常的经历之间的距离了。太过不日常的研讨会对部分参与者来说会太抽象，这样一来最后可能只有少数相关领域的爱好者能够吸收研讨会的内容了。

另外，过于接近日常，又会太过具体和现实，让人

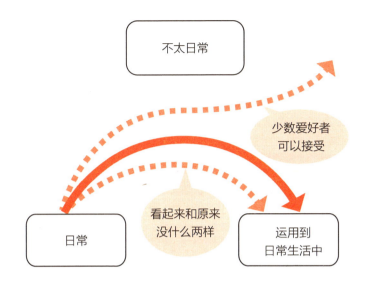

觉得"特意来了一趟，却只听到了一些稀松平常的事"。

　　如今，来自各领域的专家正在教育和商业领域的研讨会上大展身手。他们能够把握好日常生活和不太日常的经历之间绝佳的距离感，使参加者感到满意，并觉得受益匪浅。

　　大家在参加或设计研讨会时，也要多注意日常生活与不太日常的经历之间的距离感。到目前为止，我们已经学习了如何进行第一人称提问、第二人称提问、第三人称提问。每章的最后，都会练习如何使用通用的框架更好地发挥提问的作用。不过，提问力不仅可以用在这些固定的情况下，还能在研讨会中发挥作用。

研讨会的目的和目标

　　研讨会有很多要素，如日常和不太日常、教育和商业、体验和成果，等等。因此，根据研讨会的目的，需要创建针对过程的问题和针对产出的问题。

　　研讨会只是众多方法中的一种，它有优点也有缺点。我们要在了解这一点的基础上，思考为实现目的应如何运用研讨会。觉得一个研讨会就能解决所有问题的想法是不对的。

　　无论在什么情况下，指导者都应该明确，为实现研讨会的目的和目标"需要什么?""障碍是什么?""为排除障碍或实现目标需要做什么?"等问题。

● 目的：为什么进行这个步骤？为什么大家要聚集在这里？

● 目标：要做到什么程度？要决定什么？要朝着什么方向努力？

这是向设计研讨会的指导者提出的第一人称提问。如果研讨会中存在委托人，那这也可以是向委托人提出的第二人称提问。

目的和目标不明确，是研讨会上提问不能发挥作用的最大原因。

无论是获得知识、掌握技能、养成思维方式和心态，还是提出新的想法，如果没有明确的目标，就不可能创建出有效的问题。

如果存在委托人，那么委托人和指导者之间对目标的理解经常会存在差异。最糟糕的情况是，研讨会结束后，委托人说："这不是我想要的。"

你可能会觉得"确认委托人的目标不是理所当然的吗"，但这一点其实很难做到。因为人有时不知道该怎么用语言表达出"自己想要的是什么"。

不知你是否有过这样的经历，在理发店被问到"你想剪什么样的发型"时，很难用语言表达出自己想要的效果。或者被问到"你想和什么样的人交往"时，只能说出"好人"这种模糊的答案。

这就是为什么在研讨会之前与委托人沟通，明确表达出研讨会的目的和目标非常重要了。

明确目标的对话案例

我们举一个例子来说明委托人和指导者怎么明确表达研讨会的目的和目标。大家可以观察一下，作为指导者的井泽是如何通过第二人称提问缩小目标范围，和委托人达成共识的。括号里的内容是井泽对自己提出的第一人称提问。

委托人：作为我们公司第三年研修的一部分，我们想请您办一个以联合国可持续发展目标（SDGs）为主题的研讨会，预计80人参加。您觉得研讨会开2小时合适吗？

井泽：（不知道研讨会的目标就无法判断2小时合不合适，对方的目的和目标是什么呢？）

我之前也办过2小时的SDGs相关的研讨会，但是根据内容不同，2小时可能会不够，有时候需要三四个小时甚至一整天，所以我想了解一下这次的研讨会有什么目的或目标呢？

委托人：我们公司的中期经营战略包括在管理中体现并践行SDGs。所以，这次研讨会的目标就是让员工理解SDGs并采取行动，让可持续发展理念渗透到企业文化中。

井泽：（经常能听到想要促进SDGs的理解并采取行动这种要求，那么具体涉及哪些层面呢？）

我明白了。贵公司开展研讨会的目标是深化员工对SDGs的理解，从而促使大家采取行动。但是您所说的对SDGs的理解，应该不只是了解"SDGs是面向2030年的17个全球发展目标"这么简单吧？

委托人：是的，我们想让员工认识到SDGs的重要性，因为很多人都说感觉SDGs跟自己的工作没什么关系。

井泽：如果上网或者看书查询SDGs的相关资料，一般会查到贫困、饥荒等，然后就会认为"SDGs是发展中国家为解决这类问题应该采取的措施"，觉得"反正自己的公司跟那些非洲国家八竿子打不着"，就不会把SDGs看作是和自己有关的事。

委托人：对，就像您说的，不觉得是和自己有关的事。

井泽：所以研讨会的目标是"让员工把SDGs和自己的工作联系起来"，是吗？

委托人：是的。

井泽：您刚才还提到要激励员工采取行动，这也是希望通过这次研讨会来实现的目标吗？

委托人：最好能达到这个效果。2小时是不是有点不够啊？

井泽：具体到"行动计划"层面的话，2小时确实不够。不过如果只是提供一个行动的契机，那么2小时足够了。

委托人：行动的契机啊……我觉得提供这个就可以了。

井泽：（目标已经基本明确了，那么对方期望的是每个人分别采取行动，还是公司全员一起行动，应该从什么视角考虑？）

研讨会的最后会通过提问的方式让大家思考行动的契机，以下三个问题中，哪一个跟您预想的最接近？

- 为了达成SDGs，你觉得自己能做的有哪些？
- 为了达成SDGs，你觉得自己在工作过程中能做的有哪些？
- 为了达成SDGs，你觉得自己的公司或部门能做的有哪些？

委托人：我大概懂了，是从个人的视角逐渐转向组织、公司的视角。那么这三个问题能达到什么不同的效果呢？

井泽：如果是第一个问题，得到的回答一般是跟日常生活相关的，例如"平时购物的时候不使用塑料袋"。

委托人：不过我们这次是公司成立三周年举办的集体活动，还是希望和业务有些联系。那么第二个问题和第三个问题能达到的效果有什么不同呢？

井泽：第二个问题的回答可能是"减少打印纸的浪费"之类的，第三个问题的回答可能类似"推进无纸化办公"这样的。

这两个回答看起来很接近，但区别在于前者是"自己一个人做出努力"，后者是"让别人也参与其中"。

委托人：我明白了。既然是公司的全体员工一起参与的活动，自然是希望大家能从更广、更高的角度思考，而不仅限于自己的行动。但是，如果过多强调公司或者组织的话，就会让人觉得事不关己。我们会在公司内部讨论一下，感谢您提出了这么多宝贵的建议。

这个例子中讨论的SDGs是全世界2030年的目标，这些目标似乎离我们的日常工作很远。最终，双方都明确认识到了研讨会的目标，即让大家站在更广、更高的角度思考一个与日常工作相关的"行动的契机"。

　　实际进行研讨会的时候，在确保让参与者觉得讨论的内容和自己有关的同时，还需要平衡日常生活和不太日常的经历，实现这一点的关键在于提出拆分型问题。

引起参与者对主题的兴趣

　　最近，有越来越多的研讨会和研修要求人们把产出和自己的实际情况联系起来。如果一个公司的经理参加了有关职权骚扰①的讲座，在最后的测试环节中得了满分100分，但当他回到职场后，还是会做出职权骚扰的行为，那么即使参加了讲座也毫无意义。

　　如果在研讨会上制订的行动计划或目标无法和自己的具体行动联系起来，也会让人觉得不知道为什么要制

① 职权骚扰：日本厚生劳动省将其定义为凭借自身地位、信息技术等专业知识以及人际关系等职场优势，超出正常业务范围给人造成精神和肉体痛苦或恶化职场环境的行为。——译者注

订行动计划或目标。

例如，对于全球气候变暖这样的社会问题，如果问："你能做些什么？"那么回答的人可能会觉得事不关己，得到的只会是"可以捐款"或"可以做志愿者"这种千篇一律的答案。

怎样才能让参与者觉得讨论的内容和自己相关呢？可以从如何让提问发挥作用的角度来思考。

造成主题或产出的结果无法和自身联系起来的原因有很多。例如，可能是参与者对话题本身不感兴趣。人们会对和自己相关的信息格外敏感，这被称为"鸡尾酒会效应"，指的是当有人叫自己的名字时，即使是在鸡尾酒会这种非常嘈杂的情况下，也会听得很清楚。相反，如果认为信息与自己无关，人们就会自动忽略。这是ICE学习法中发生在思考之前的过程。

而主题的内容没有与自己身边的事或以前的知识经验联系起来的话，就会变成单纯的罗列或背诵。不过事实上，仅靠罗列或背诵，不结合自己的经验进行思考，也能在传统的考试中取得好成绩，甚至有很多人认为这才是所谓的优等生。因此，ICE学习法中的联系环节就显得尤为重要。

在制订行动计划的阶段，人们可能无法把自己想象成行动的主体。例如不清楚解决问题的是社会、组织还是自己，或者对将要采取的行动持怀疑态度，觉得"真的要这样做吗？"，这就是ICE学习法中应用领域的问题了。

那么，怎样才能让参与者对话题产生兴趣呢？要让他们觉得主题和自己有关。因此，选择一个对方正在经历（或经历过）的、有点不擅长的领域进行提问效果会比较理想。

电视或网上的健康科普节目就经常在开场的时候向观众传达"我们接下来要谈论的话题正是你有必要听的"这一层意思，比较常见的就是"你最近有没有觉得××呢？"之类的话。例如，"即使住在二楼也想乘电梯"或"开始看不清报纸上的字了"。如果观众觉得自己确实有这样的情况，那么就成功地让他们觉得主题与自己相关了。

也可以直接提问"在××方面，进展不顺利的时候，你有什么感受？"，如果话题是全球气候变暖，就可以先问："一年中最热的时候你都做了些什么？"

像这样用拆分型提问导入，可以引起参与者对话题的兴趣。

将主题的内容与身边的事或以前的知识经验联系起来

这就好比在研讨会上讲了新内容以后，问大家："这与你身边的事或以前的知识经验有什么联系？"这就是ICE学习法中联系的部分。

理科学习中，需要做实验的研究课题往往最让人印象深刻。例如，在学习了焰色反应[①]后，问学生不同金属使火焰呈现的颜色。做实验的时候各种反应就发生在眼前，学生自然会印象深刻。

----

① 焰色反应：某些金属或它们的化合物在无色火焰中灼烧时使火焰呈现特殊颜色的反应。——译者注

　　那么历史或古典文学这种研究过去的学科要怎么办呢？在这种情况下，我们可以问："如果你是××（历史人物的名字），你会怎么做？为什么？"这也是一个能引发思考和讨论的好问题。

　　或者将历史或文学中的事件归纳概括："××因顾虑他人的意见而做出了违背自己意愿的决定，尽管他知道这样做不会有好结果。你有没有过类似的经历？"这样就能让对方联想自己的情况。

　　如果是问题式学习或者学校组织的旅行，也可以通过实地考察，验证事先学习中获得的思考，对其进行更具体的了解。例如针对现在经常提到的"人口过疏化①"问题进行实地考察时，可以考察哪些方面呢？可以提出"在已经走向萧条的商业步行街上，有多少商店关门了？关门的都是什么样的店？"这类问题并进行调查，也可以以"商业街的店关门以后，当地人的生活会出现哪些不便之处？"为主题进行采访或问卷调查。因

---

① 人口过疏化：指特定地域内人口密度远远低于合理人口密度的现象。——译者注

为自己亲身经历了整个调查过程，所以这和理科实验一样可以达到预期的效果。

促进这种课外学习活动的提问，有时需要学习者自己来考虑。最好先让学习者提出很多问题，然后从中选择最重要的。

像SDGs这种"实现全世界共同发展"这种主题非常大的情况怎么办？毕竟关于贫困问题、安全的饮用水、不平等的相关研究，原本也在世界各地持续进行着。而且一味思考如何解决这个问题，最终可能会觉得自己只是在空想。

如果距下一次上课还有一个星期的时间，或许可以提出这样的问题："现在在落后地区，发生了哪些事？"并收集这一周的相关新闻报道。还可以缩小范围，思考"日本有哪些在生活上有困难的人？"。再根据情况选择一个合适的思考范围，例如"在这个组织里""在这个学校里""在这个班级里"。

在问题解决方案型的研讨会中，参与者态度不积极，往往是因为没有很好地将主题内容与自己身边的事或以前的知识经验联系起来。

　　给出信息（任务）后不要马上要求对方思考具体做法，而是多加一个拆分型提问，这样效果会更好。

把自己想象成行动的主体

　　这一节将讨论在制订行动计划的阶段，人们无法把自己想象成行动的主体的情况。例如不清楚解决问题的是社会、组织还是自己，或者对将要采取的行动持怀疑态度，觉得"真的要这样做吗?"。

　　这就是ICE学习法中应用领域的问题了。具体有哪些情况呢? 例如，在学习了全球气候变暖的内容后，提出了一个供讨论的话题：为防止全球气候变暖可以做些什么。

　　如果有人说"我要去北极保护北极熊!"的话，场面马上就会混乱起来。那如果有人回答"我会尽力而为""我们要保护地球""日本政府应该多做一些努力"呢?

"我会尽力而为"没有说清楚要尽力做什么事,"我们要保护地球"也同样不够具体,"日本政府应该多做一些努力"只是在单纯地批判政府,没有联系自己的行动。

　　在具体行动方面,有些人会从个人的角度考虑,如"为了节能,上下楼尽量走楼梯",而有些人则会从政府的角度考虑,如"用清洁能源①替代化石能源②"。

　　为什么会出现这种情况呢?

　　其中一个主要原因是,设计提问的人没有说明信息和背景就想让参与者能够明白问的是什么。例如提问者可能会认为,基于前面一系列的学习,大家应该明白要讨论的是"为防止全球气候变暖,自己能做些什么"。然而,就算有了前面的一系列学习,也不一定能让所有参与者都察觉到提问者传达出来的意思。

---

① 清洁能源:不排放污染物、能够直接用于生产生活的能源。——译者注
② 化石能源:包含的天然能源有煤炭、石油、天然气等。化石能源不完全燃烧后,会散发有毒气体。——译者注

当然，指导者可以对当时的情况进行观察讨论，并适当干预，告诉大家"现在要讨论的是每个人能做什么"。但如果一开始的时候说过"大家可以自由提出任何意见"，中途又限定了角度，那么从政府或其他组织的角度思考并提出想法的人就会觉得"也不是随便什么意见都可以提"，从而失去讨论的积极性。

先是说了"大家可以自由提出任何意见"，然后在提问"为防止全球气候变暖可以做些什么"的时候没有说清楚自己想要达到的目的，最后又干预讨论，提示大家"现在要讨论的是每个人能做什么"，这对于参与者来说无疑是一种"三连击"。每一个问题可能都不是什么大问题，但加在一起就会导致出现最糟糕的结果。

那么我们要明确哪些内容呢？可以对问题加以修饰，明确主语或主题。例如"为防止全球气候变暖，你可以做些什么？"。

如果希望参与者站在个人的角度思考，那就明确提问中的主语"你"，告诉大家应该讨论"自己的行动"。

既然已经说了可以自由发言，就不要在之后否定参与者的意见，而是从一开始就明确主语或主题，限定思考范围，让参与者更有安全感，愿意积极地发表意见。还可以提示个人采取行动的影响范围，让参与者更容易回答。

"为防止全球气候变暖，你从明天起可以做些什么?"

"为防止全球气候变暖，你在接下来的一年里可以坚持做哪些事?"

这里就是通过明确时间轴，限定时间是"从明天开始"，可以提供一个思考的方向，让参与者考虑切实可行的做法。而"接下来的一年"这个时间是持续的时间段，如果想让参与者关注行动的持续性和带来的影响，就可以用这样的方式修饰提问。

"为防止全球气候变暖，你在工作中可以做些什么?"

"为防止全球气候变暖，你在日常生活中可以做些什么?"

限定和行动方式相关的思考范围，提示参与者可以从工作中或日常生活中等角度思考。这样能让参与者更容易思考和回答，更有可能把想法付诸行动。

当然，明确主语或者限定提问，得到的回答可能会失去多样性。我们要在了解这些利弊的基础上，决定提什么样的问题以及判断是否需要对提问加以修饰。

运用四象限矩阵图提出拆分型问题

假设整体型提问是"为防止全球气候变暖，你可以做些什么？"。

为了在最后回答这个整体型提问，我们需要在前面的环节设置什么提问呢？这个话题涉及全球问题，可能让人觉得和我们的日常生活相去甚远。所以，我们需要一些导入和过渡的提问。

问一个人："今天晚饭想吃什么？"如果他回答不出

来，那么不管反复问多少遍，他也给不出明确的回答。这时要怎样给对方提示，怎样帮助对方整理思路，才能让对方更容易回答呢？

可以提一些具体的问题，例如"今天午饭吃了什么？""是不是不想和午饭吃一样的东西？""想马上就吃晚饭吗？还是过一会也可以？""想吃米饭还是面条？"等。

这样对方就会思考自身的情况，想出"现在自己想吃的东西"。

"为防止全球气候变暖，你可以做些什么？"这个问题也一样。要回答这个问题，需要对哪些信息进行整理和确认呢？作为导入，可以先问对方："你听说过全球气候变暖这个现象吗？"在不知道对方是否具备相关基础知识的情况下，有必要先用封闭性提问确认情况。然后可以把想到的内容写在便笺上，尽可能多地写出拆分型提问。

- 你觉得全球气候变暖会带来哪些影响？
- 你觉得全球气候变暖已经发展到什么程度了？

● 你觉得全球气候变暖真的是一个亟待解决的问题吗？

接下来可以再增加一些提问。最简单的方法就是在第一人称提问中讲到的开放性提问和封闭性提问的转换。

先看一看自己提出的问题是开放性提问还是封闭性提问，在开放性提问前标记○，在封闭性提问前标记△，然后再进行转换。

● 你有没有遇到过突然下暴雨的情况？

● 你觉得由于全球气候变暖，50年后平均气温会上升5℃吗？

● 为什么全球气候变暖是一个亟待解决的问题？

受提问力的限制，自己凭感觉创建问题，提问的领域可能会存在一定的倾向性。那么我们可以把这些提问放到由"个人与世界和社会"及"过去与未来"这两个坐标轴组成的四象限矩阵图中。

通过这种方式将提问领域可视化，就能清楚地认识到哪些领域比较薄弱。例如，四象限矩阵图的左上方"世界和社会×过去"中没有问题，那么我们就可以补充进去。

- 全球气候变暖是从什么时候开始出现的？
- 和以前相比，现在造成全球气候变暖的原因有什么变化？

右下方的"个人×未来"部分中也可以补充。

- 你觉得平均气温上升5℃以后，自己会过着什么样的生活？
- 未来十年里，为防止全球气候变暖，你觉得自己能坚持做哪些努力？

根据四象限矩阵图上提问的分布情况，选择作为过渡的提问进行补充。然后选择一个主要的、有些不太日常的世界性问题，最后，再选择一个回归日常的问题。

四象限矩阵图的例子

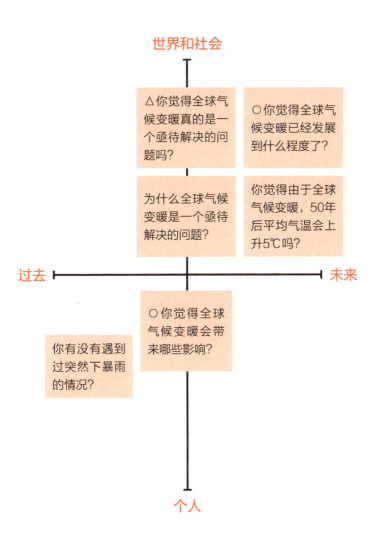

如果可以让参与者查找很多资料，与研讨会上提供的信息相结合，那么提出一些基于科学数据思考过去和未来的提问也很有意义。

如果从一开始就设定好两个坐标轴，在此基础上提问的话，往往会不太顺利。这是因为提问的范围被坐标轴限制了。

（1）凭自己的感觉创建问题。

（2）将开放性提问和封闭性提问互相转换，让提问的数量增加一倍。

（3）把提问放到四象限矩阵图中。

（4）补充四象限矩阵图中有空白的领域。

（5）（考虑参与者的情况和目标）选择合适的问题平衡不太日常和日常的状态。

遵循以上顺序，就能进一步提高自己的提问力。

雾里看花的"雾"是什么雾

不知道大家有没有听到过研讨会的主持人这样说，"希望能在大家心里留下一个朦胧的印象"或者"请大家珍惜现在的这种不明朗的感觉"。那么这里所说朦胧和不明朗，究竟指什么呢？

提出了结构紧张理论[①]（Structural Tension）的美国社会学家、犯罪学家罗伯特·C. 莫顿（Robert Carhart Merton）指出："认识到目标和现实的差距会让人感到紧张焦虑，人们为了缓解这种情绪，就会产生行动的动机。"

但在日常生活中，我们往往不能清楚地认识到目标和现实，即使觉得目标和现实之间确实存在差距，也不会思考得很深入。

---

① 结构紧张理论：如果用合法手段实现这些目的努力受到阻碍，人们就可能会尝试用各种非法手段实现这些目标。——译者注

这是因为根据上文提到的模型来看，人们如果注意到目标与现实存在差距，便会想要让这个差距消失，那就必须费尽心思采取行动或做出决定。如果弥补差距太困难或太耗时，那么人们难免会当作差距不存在。

例如被问到："暑假只剩5天了，还有多少作业没做完？"相信很多人都会有明知道应该赶紧检查一下还有什么作业没做完，却不想认清现实的心情。

明确目标后，会"清楚地认识到这件事很困难，所以有点害怕看清现实"，这种心情大家都能理解吧。但是，自己也明白，认清现实然后采取行动才是最好的方法。

"到底该怎么办？"

这种纠结的感觉，正是雾里看花中"雾"的来源。

人们参加完研讨会后，在认清目标和现实这一点上不知道要怎么办。不过比起研讨会前什么都不知道的状态，可以说是前进了一大步。

接下来就需要再往前迈一步了，如果为了消除理想和现实的差距已经开始采取行动了的话，那就离终点更近了。不过，有时参与者会因"不知道问题问的是什么""不知道该怎么考虑"而停止了思考。

出现这种情况后，如果研讨会的主持人误以为"大家心中这种朦胧的感觉正是我想要的"，那么就不会采取措施进行干预。

等研讨会结束时，主持人说："希望大家带着现在这种朦胧的感觉回家。"参与者也不知道这种朦胧的感觉究竟指的是什么感觉。这样就只是把问题一股脑地丢给了参与者而已。

最后，留在参与者心中的可能只有因没答出问题而产生的自我否定，甚至可能开始对提问和研讨会怀有抵触心情。

当然，如果提问的目的是"让对方认识到自己可以回答什么程度的模棱两可的问题"的话，那就另当别论了。这时为了这个目的特意设置了"无法回答的提问""难以回答的提问""让人不想回答的提问"，这些提问就是有效的。

不过大多数情况下，研讨会的主持人还是希望大家怀着一种纠结的心情。

所以，为了避免误会，我们要时刻关注提问是否发挥着作用。

方案设计

我们已经学习了很多研讨会中的提问方法，在正式使用之前，再来检验一下。

这个例子中的研讨会将分成两组同时进行，下面简要记录了本书的作者井泽和吉冈事先讨论的过程。井泽会和吉冈一起检验并重新审视自己想出的构成研讨会的提问。

井泽：我想跟你讨论的是上午SDGs的卡片游戏结束后，下午围绕领导力展开讨论的时候，应该采取什么样的方式进行。

吉冈：领导力？这个话题不太常见啊。

井泽：这次的委托方是扶轮社[1]，参加的有高中生，还有民营企业的总经理。

吉冈：企业的总经理啊……其中从事制造业的人多吗？（确认参与者具体的人群画像的提问。）

井泽：应该有很多人自己经营工厂，还有一些经销商和在当地开连锁店的店长。

吉冈：我了解了。

井泽：我想让这些人一起思考问题，特别是想让大家关注"变革时期的领导力"。（本次研讨会的目的。）

吉冈：也就是想让他们关注和以往我们所说的领导力不同的领导力？（确认目的背景中的意图的提问。）

井泽：没错，所以这次的目标性提问是"什么样的领导者能实现让每个人都参与其中的变革？"。

吉冈：（看着幻灯片）所以第一个提问才会是"领导者是站在什么立场上做什么事的人？"。不过这个问

---

① 扶轮社：依循国际扶轮的规章所成立的地区性社会团体，以增进职业交流及提供社会服务为宗旨。——译者注

题有些传统，愿意讨论这个话题的大多是企业的领导吧。（确认参与者会有什么反应的提问。）

井泽：不会，我觉得高中生也会愿意讨论这个话题，我希望你能给他们一个示例，让他们愿意讨论这个话题。（判断如果有了示例，不仅企业的领导，高中生也会愿意讨论这个话题。）对象可以是学生社团的团长、学生会主席，或者老师。

吉冈：好的。不过仔细想想，是不是告诉大家"目前不是管理者的人也可能是潜在的领导"比较好？（指出"实现变革的领导"不一定是管理者，目前给出的"实现变革的领导"的范围太窄了。）

井泽：确实是。

吉冈：比如准备学校的合唱比赛时，让大家"好好练习！"的学生就是在发挥着领导力。这种例子现在还常见吗？（确认自己心目中"不是管理者的领导者形象"是否能准确传达给如今的高中生。）

井泽：（上网查资料）有的，去年就有人写过类似的事。

吉冈：那就用这个例子了。

井泽：你刚刚说的"传统"，我觉得目前还不能这么说。接下来会让大家列举领导力的特征。首先会问"你觉得什么样的领导是自己不喜欢的"，然后让大家写在便笺上。

吉冈：可能会出现什么样的意见？（询问参与者可能会做出什么样的回答。）

井泽："高高在上""只会命令别人，自己什么也不做"之类的。

吉冈：感觉高中生也会写出类似的答案。（如果高中生回答不出来，那就只有企业的领导会参与讨论，所以要提前判断高中生是否能回答。）

井泽：然后先不让大家分享自己的答案，接着问"自己理想的领导者有什么特征"，还是写在便笺上。写完这两个问题后，让大家分组对比并整理成表格。

吉冈：我明白了，写在便笺上就不会出现企业领导滔滔不绝地陈述自己见解的情况了。

井泽：没错，然后就是SDGs相关的了。我会在上午的部分告诉大家"变革"这个关键词，给大家留下印象。

吉冈：好的。下一个问题是"如果你追星，那么你会为了什么花钱",突然转换话题了啊。

井泽：这个是你比较常用的技巧吧。

吉冈：不过这次和上次略有不同，上次是朋友追星，你会给朋友的建议吧。

井泽：高中生的话，正在追星会比较多，所以会产生一些共鸣，觉得"别人真的喜欢的话很难开口劝他放弃"，所以我就换了个方向。（认为之前的提问在这里不能很好地发挥作用，就做出了细微的调整。）

吉冈：你接着说。

井泽：大致的流程和上次差不多，跟大家说"有的人零花钱用完后，就会向父母借钱"，引出观点"实际上，人类现在也是靠借钱维持生活的状态"。（把身边的事和容易回答的提问作为示例，引出生存状态的话题。）

吉冈：然后就是生存状态这一张幻灯片了，我觉得稍微有点牵强。

井泽：领导力的特征这部分有些严肃，所以后半部分我想尽量贴近高中生的生活。（针对企业领导和高中生这两种有不同知识、经验的参与者做出了相应的设计。）之后向大家传达"现在不进行变革，就无法实现可持续发展"这一层意思。

吉冈：明白了。

井泽：但是，只是这么说的话，大家可能觉得这是危言耸听。（要想让参与者觉得话题是和自己相关的，就要尽量避免只单纯地把正确答案告诉大家的形式。）所以我想让大家意识到"现在世界上已经有很多变化的征兆了"。我会展示这张用塑料吸管喝冰咖啡的照片，然后问"这是之前的照片，那么现在的情况有什么不同"，让大家思考。

吉冈：现在的高中生会喝咖啡吗？（确认用吸管喝咖啡对高中生来说是不是身边司空见惯的事。）

井泽：一般进入高中后大家都会开始喝咖啡。然后就可以转到下一个话题，从"个人生活变化的征兆""社会变化的征兆""技术层面变化的征兆""经济领域变化的征兆"这四个角度提问"最近你感觉到了哪些变化的征兆"。

吉冈：感觉难度一下子就提高了。你之前有尝试过这种做法吗？（吉冈觉得，从身边的例子突然转向很抽象的提问，可能达不到预期的效果。)

井泽：没有，不过我觉得你经常会用这种方式，在提问之前肯定要展示森林管理委员会（FSC）认证的纸吸管的示例。（井泽认为，有了前面吸管相关的示例，再提抽象的提问，也能很好地发挥作用。)

吉冈：我明白了，个人层面就是"最近开始不用塑料吸管了"，社会层面就是"到处都在报道微塑料①产生的问题"，而目前技术上已经实现了"纸吸管耐用性的提高"，有了这些前提，在经济活动方面"大型咖啡连锁店已经把吸管全都换成纸质的了"，大概是这种感觉吧。

井泽：没错。

吉冈：你在做幻灯片的时候，就想过要这样讲吗？

井泽：当然想过。

吉冈：之后还会给出什么例子？（吉冈觉得，仅靠吸管的示例不足以让提问发挥作用，还需要其他示例。)

井泽：塑料相关的例子还有超市的购物袋需要付

---

① 微塑料：指粒径很小的塑料颗粒以及纺织纤维、薄膜。——译者注

费，企业的领导可能会想到欧洲开始淘汰燃油车等。

吉冈：所以参与者应该可以提供一些想法啊。

井泽：这部分就交给参与者了。最后，在变革的征兆的基础上，引出"什么样的领导者能实现让每个人都参与其中的变革？"这一话题。

吉冈：这里是想呼应一开始的话题吗？（将没有背景知识的情况下对领导者的印象，和参加研讨会以后对领导者的印象进行对比，能深化参与者在研讨会上达成了目标的感受。）

井泽：我想想。前面让大家列举过实现变革的领导者的特征，所以可以一边回忆一开始的话题一边补充，再找一找不同的部分。这都交给你来决定了。

吉冈：我大概掌握整体的流程了，我觉得效果应该不错。

井泽：谢谢。

实施后的回顾

　　研讨会顺利结束了，但指导者的工作并没有结束。

　　由于研讨会是分两组同时进行的，所以彼此不了解另一组的情况。不同的参与者会对同一个问题做出不同的反应。不仅要看每一个提问和示例是否发挥了预期的作用，还要回顾整个研讨会有没有达到预期的目标。

　　通过回顾可以刷新对研讨会的认知。

　　吉冈：辛苦了，你那边情况怎么样？

　　井泽：一言难尽，你呢？

　　吉冈：企业的领导很积极地参与，我觉得这个设计效果不错。

　　井泽：是吗，我这边太混乱了。

　　吉冈：怎么了？

　　井泽：一开始不是有个合唱比赛的例子吗？我一讲这个例子，有人就说"这也太较真了吧"，然后台下就

238

开始骚动。（想通过催促大家排练的高中生的例子告诉大家，即使不是管理者也能发挥领导力，但是这一点没有很好地传达给大家，这时就需要进行干预了。）不过后来有个企业的领导说"现在学校里还有合唱比赛啊"〔利用企业领导的发言转移话题，说明示例中的学生不是传统的领导者的形象，通过干预导入主题（变革时期的领导力）〕，我就借此机会将话锋一转，告诉大家现在要思考的是"不同于以往的领导者的形象"。

吉冈：你当时是在找转移话题的机会吧。

井泽：没错。

吉冈：然后是追星的话题，企业领导一般都在说花钱买过照片或者相机，高中生们都觉得莫名其妙。（在追星的话题上，企业领导和高中生的经历存在差异。不过重点是"都花过钱"，大家在这一点上达成了共识，就说明示例有效，所以没有进行干预。）

井泽：现在的人追星都不会买这些东西了。

吉冈：不过共通点是"都花过钱"，我看大家都意识到了这一点，所以就继续进行下面的环节了。

井泽：也就是说示例是有效的。之后就是从四个角

239

度考虑的问题，这个问题果然还是太难了，提问之后就冷场了。（在井泽这一组里，对于提问，大家不知道要怎么回答，所以进行了补充说明。）

吉冈：我这边有了吸管的例子，很多学生掌握了要领，就以他们的发言为主了。企业领导听了以后也纷纷表示赞同。那你那边是怎么进行干预的？

井泽：之前我们讨论的时候你不是说过类似的内容吗？以吸管为例，个人的心情、社会上的报道、技术的发展、经济领域的变化都是什么样的，我就按照这个顺序说明了一下，大家才恍然大悟。所以，事前的商量很重要。

吉冈：虽然最后的结果还可以，但是如果把这部分做到幻灯片里会不会更好？（指出补充说明的部分之前讨论过，所以比起现场说明，加到幻灯片里效果会更好。）

井泽：确实，设计上还有什么地方是你觉得不太合理的？

吉冈：我觉得大家不太容易回答"应对变化的领导者"和之前的"领导者形象"的区别。（吉冈这一组回答不出领导者形象的区别。而井泽那边传统的领导者形象是由企业领导提出的，所以很容易和新时期的领导者进行对比。）

井泽：这样啊，我这边"传统的领导者"是一开始的时候由企业领导提出的，所以和预想的一样，很容易做对比。

吉冈：因为最后时间还比较充裕，我就加了一个提问，"和传统的领导者相比，新时期的领导者还需要具备哪些其他的素质"。（为了明确新时期领导者的不同点，吉冈加了一个提问。）

井泽：那么大家是怎么回答的？

吉冈："有前瞻性的眼光""能和大家同心协力，或者团结大家""能和外部共享信息""能打破隔阂和其他的领导合作"等。现在回顾的话，最后这部分想法还是很符合当下情况的。

井泽：效果不错，那就把这个提问加入到下一次研讨会的设计中。（如果下次还有相同主题的研讨会，就添加吉冈所说的提问。）

吉冈：还有就是最好一开始就把示例展示在幻灯片

上，图片能更直观地传达信息。我觉得"从四个角度思考"那里可以给幻灯片加上动画效果，这样更有助于理解，会进行得更顺利。（针对其他效果不理想的部分提出改善意见。）

井泽：我明白了。

吉冈：我觉得这次的设计整体上很不错，稍微调整一下，让所有人都可以用这个方案就更好了。（由于参与者的情况多种多样，所以还存在遗憾的部分，可以增加信息的输入和简单易懂的示例，让这个设计方案可以为更多研讨会的指导者提供帮助。）

井泽：谢谢你的建议。

结语
在提问中生活的时代

　　本书为了让大家自由地提出问题，按照第一人称、第二人称、第三人称的顺序，穿插了事例和练习，对提问的作用和构造进行了讲解。

　　可能有的读者觉得自己目前还不能自由地提问，但你可以不断反思自己提的问题是否很好地发挥了作用，反复练习之前觉得困难的部分，一定能有效提高提问力。

　　提问的过程也是锻炼分析能力的过程。不仅是自己提出的问题，对于之前回答的提问，还有今后要面对的提问，相信你也能够注意到上述提问中指出的思考范围，并看到问题的全貌。

　　生于19世纪的奥地利诗人里克尔曾收到年轻人的来信，信中问道："如何才能成为像你一样的诗人？"

里克尔在代表作《给青年诗人的信》（*Briefe an Einen Jungen Dichter*）中回复道："现在你不要去追求那些你还不能得到的答案……现在你就在这些问题里'生活'吧。"

现在我们正在新冠肺炎疫情的"新常态"中寻找新的生活方式，从前理所当然的事不见得今后也会理所当然。不管是中年人，还是老年人，现在都如同年轻人，经历着前所未有的体验，在以往的价值观被颠覆的过程中，摸索新的生存法则。

所以我们才要提问，才要不断提问，才要把提问力当作我们的武器，不是吗？我希望每个人都能掌握这种提问力。

最后我想向以前参加过我的研讨会的朋友，以及本书创作过程中给予我支持和帮助的吉冈老师、成田老师、吉野老师和其他工作人员表示衷心的感谢。

今后我还会在提高提问力的道路上不断学习，将知识传递给更多人。

井泽友郭

参考文献

- G. I. カエサル『ガリア戦記』(B. C. 56)
- J. デューイ『How We Think』(Boston：D. C. Heath and Company、1910)
- 酒井正雄『世界の郵便ポスト──196ヵ国の平和への懸け橋』(講談社エディトリアル、2015)
- D. ロスステイン、L. サンタナ『たった一つを変えるだけ：クラスも教師も自立する「質問づくり」』(新評論、2015)
- E. L. デシ、R. M. ライアン『Facilitating Optimal Motivation and Psychological Well-Being Across Life's Domains』Canadian Psychology Vol. 49 (2008)
- J. D. クランボルツ『The Happenstance Learning Theory』Journal of Career Assessment 17 (2)(2009)
- R. バビノー、J. D. クランボルツ『一歩踏み出せば昨日と違う自分になれる！：スタンフォードの前進の法則』(日本文芸社、2014)
- J. ルフト、H. インガム『The Johari window, a graphic model of interpersonal awareness』Proceedings of the Western Training Laboratory in Group Development (1955)
- R. B. ザイアンス『Attitudinal effects of mere exposure』Journal of Personality and Social Psychology 9 (2, Pt. 2)(1968)
- 吉田繁夫、吉岡太郎『部下を育てるPDCA「面談」』(同文舘出版、2018)
- C. チャブリス、D.シモンズ『錯覚の科学』(文春文庫、2014)
- 和田信明、中田豊一『途上国の人々との話し方──国際協力メタファシリテーションの手法』(みずのわ出版、2010)
- 中田豊一『対話型ファシリテーションの手ほどき』(ムラのミライ、2015)
- P. センゲ『フィールドブック　学習する組織「5つの能力」──企業変革をチームで進める最強ツール』(日本経済新聞出版、2003)

- 丸岡吉人『ラダリング法のブランド戦略への適用』「消費者行動研究 Vol. 4」（1996）
- R. B. スタンフィールド『The Art of Focused Conversation: 100 Ways to Access Group Wisdom in the Workplace』New Society Publishers（2000）
- パーソル総合研究所、中原淳『長時間労働に関する実態調査（第一回・第二回共通）』（2017—8）
- 山田ズーニー『伝わる・揺さぶる! 文章を書く』（PHP新書、2001）
- 堀公俊『ファシリテーション入門』（日経文庫、2004）
- J. ラーマー『Project Based Learning（PBL）Starter Kit』（Buck Institute for Education、2009）
- B. S. ブルーム他『TAXONOMY OF EDUCATIONAL OBJECTIVES The Classification of Educational Goals』A Committee of College and University Examiners（1956）
- L. アンダーソン他『A Taxonomy for Learning, Teaching, and Assessing: A Revision of Bloom's Taxonomy of Educational Objectives, Abridged Edition』（Pearson、2000）
- S. ヤング『「「主体的学び」につなげる評価と学習方法—カナダで実践されるICEモデル』（東信堂、2013）
- 石川一郎『2020年からの新しい学力』（SBクリエイティブ、2019）
- J. M. ハラツキェヴィチ他『The role of achievement goals in the development of interest: Reciprocal relations between achievement goals, interest, and performance』Journal of Educational Psychology 100（2008）
- J. M. ケラー『学習意欲をデザインする: ARCSモデルによるインストラクショナルデザイン』（北大路書房、2010）
- D. ウッド、J. S. ブルーナー、G. ロス『The role of tutoring in problem solving』Journal of Child Psychology and Psychiatry, 17（1976）
- L.ヴィゴツキー『思考と言語 新訳版』（新読書社、2001）
- 中野民夫『ワークショップ ——新しい学びと創造の場』（岩波書店、2001）
- 安斎勇樹、塩瀬隆之『問いのデザイン: 創造的対話のファシリテーション』（学芸出版社、2020）
- R.フリッツ『偉大な組織の最小抵抗経路 リーダーのための組織デザイン法則』（Evolving、2019）
- 香取一昭、大川恒『ワールド・カフェをやろう 新版 会話がつながり、世界がつながる』（日本経済新聞出版、2017）
- R.M.リルケ『若き詩人への手紙・若き女性への手紙』（新潮社、1953）